NEW WCDP
新文京開發出版股份有限公司
新世紀・新視野・新文京－精選教科書・考試用書・專業參考書

New Wun Ching Developmental Publishing Co., Ltd.
New Age · New Choice · The Best Selected Educational Publications — NEW WCDP

創業一把罩
中西式點心
職人手作
RECIPES
鄭錦慶・黃志雄・葉佳山
編著

本書特色

餐飲業是變化多端、不斷推陳出新、一直蓬勃發展的產業，近年更是受到疫情的影響，餐飲業發生了不同的轉變，有許多嶄露頭角的創新小店，如：傳統小吃、甜點、蛋糕店等，許多人紛紛走向了創業創新之路。因此，《創業一把罩－中西式點心：職人手作》一書期望能為讀者帶來新氣息，此書適合對於烹飪有興趣或已有基礎，想進一步踏入餐飲界創業的讀者們。

專業師資

本書邀請實務經驗豐富的優良師資，從事餐飲業行之有年，並擁有專業證照，以及在各大料理賽事中獲得諸多獎項，在培育優秀的餐飲人才方面不遺餘力。

好學易懂

全書架構分明，以淺顯易懂的方式，解說操作步驟，從食材備料到製作步驟，期望能陪伴讀者一步一步的學習做出好料理。

職人延伸 Q&A

書中穿插延伸問答題，提供烹飪知識類型的題目，與讀者一起思考製作料理的技巧與問題。

精心選題

全書所有的題組皆由作者群依據現今的產業發展、了解市場需求後，精心規劃出豐富多元的中、西式點心。

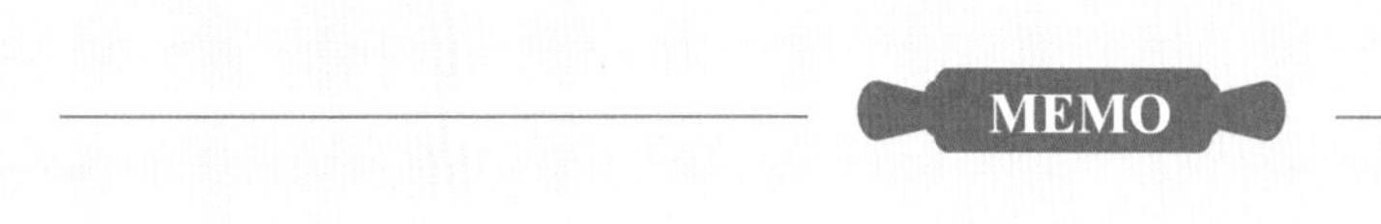
MEMO

鄭序

PREFACE

歲月悠悠轉眼間從事餐飲業也快 35 個年頭了，從小吃店到餐廳、飯店到最後從事餐飲教育事業 16 年，歷經大大小小的國內外賽事，披荊斬棘克服無數困難與挑戰，很想再留下一絲絲足跡給莘莘學子，以及對中式點心有興趣的民眾學習，歷經一年拍攝及校稿，最後如願出版身平第一本教科書。

技職教育本質扮演著培育優質專業技術人才並以實務教學及實作創新，終身學習的能力作為核心價值，故在課程發展中編排融入多元面向教學及專業技能培育為兩大主軸，藉由親手操作教學連結產業脈動，課程編排融入創新元素內容生動活潑，提升技術本位練習，大大增加同學的自信心，最後想感謝弘光科技大學餐旅旅管理系的大力協助、我的兩位恩師何金源老師、何建彬老師的諄諄教誨、新文京開發出版股份有限公司的邀約，以及許許多多幫助過我的好朋友們，衷心感謝溢於言表，感恩！

鄭錦慶 謹識

黃序

PREFACE

在這個充滿美味和溫暖的書籍中，我們將一同踏上一段令人興奮的烘焙之旅。這本書是我多年來熱愛烘焙的心血結晶，也是我對於烘焙這門精巧的工藝的深入探索。

烘焙是一門結合了科學和藝術的技藝。每一道甜點、麵包或蛋糕背後都蘊含著精心計算的比例和配方，同時也需要師傅們細膩的手藝和創意的發揮。我對於烘焙的熱愛源於對於原材料的尊重，以及對於創造美味的渴望。每一次將麵粉、奶油、糖和其他食材融合在一起的瞬間，都是一次對於味覺和視覺的雙重享受。

在本書中，我將與大家分享我多年來學習和累積的烘焙心得和技巧。從基本的麵團製作，到每個步驟的操作手法技巧，我將深入解析每一個步驟，讓讀者們可以輕鬆上手，享受到製作美味麵包與蛋糕的樂趣。

烘焙不僅僅是一種烹飪技藝，更是一種表達情感的方式。我希望透過這本書，能夠將我的烘焙之旅與大家分享，並且激發更多人對於這門藝術的熱情。無論你已經是一位經驗豐富的烘焙愛好者，還是剛剛踏入廚房的初學者，我都衷心希望這本書能夠為你帶來啓發和樂趣。

黃志雄 謹識

葉序

PREFACE

時序立秋，我們的努力終將告一段落，本書乃是經過長年來的精心策劃，感謝鄭錦慶老師和黃志雄老師不辭勞苦的示範與多次拍照，也融合了我對飲食文化的獨特觀點。

這本書將帶領讀者踏上一段探索手作點心的美味之旅，不僅是味蕾的享受，更是一場心靈的寧靜。每一道點心都是匠心獨具的創作，蘊含著我們對食材的嚴選與對飲食的熱愛。希望這本書能將我們的心意傳達給每一位品味生活的人，讓大家在繁忙的生活中找到片刻的寧靜與幸福。

葉佳山 謹識

編著者簡介

AUTHORS

學歷

弘光科技大學餐旅管理系畢業

經歷

- 臺北市三・六・九餐廳 一廚
- 臺北市采之齋餐廳 副主廚
- 中正機場過境旅館 副主廚
- 臺北高記餐廳 副主廚
- 臺北福華飯店 副主廚
- 臺中福華飯店 副主廚
- 弘光科技大學 專技助理教授
- 弘光科技大學 通識學院人文精神老師
- 2012~2020 弘光餐旅系學會指導老師

證照

- 中餐葷食丙級證照
- 中式麵食加工［水調和］丙級證照
- 中式麵食加工［糕漿皮］乙級證照
- 美國旅館公會－餐旅服務認證通過
- BIM－顧客服務管理師乙級

獲獎

- 第33屆觀光旅館從業人員－優良廚師
- 第37屆觀光旅館從業人員－模範廚師
- 1996 台北中華美食展職業創意點心－金牌獎
- 1999 台北中華美食展國際職業點心賽－銀牌獎
- 2000 台北中華美食展國際職業團體賽－銀鼎獎
- 2010 馬來西亞世界金廚爭霸賽個人點心賽－特金獎
- 2010 馬來西亞世界金廚爭霸賽團體賽－金獎
- 2012 菲律賓馬尼拉亞洲名廚賽個人賽－金牌獎
- 2012 菲律賓馬尼拉亞洲名廚賽團體賽－特金獎
- 2012 中華民國私立教育事業協會－優良教師
- 2014 中國．嘉興國際御廚爭霸賽個人賽－金牌獎
- 2014 中國．嘉興國際御廚爭霸賽團體賽－總亞軍獎
- 2014 弘光科技大學校級－績優導師
- 2015 日本國際料理人大賽個人賽－金賞獎
- 2013.2016.2019 教育部全國社團評鑑［自治性社團］指導老師－特優獎
- 2016 韓國首爾亞洲名廚美食競賽團體賽－特金獎
- 2016 韓國首爾亞洲名廚美食競賽個人賽－金獎
- 2017 日本國際料理人大會賽－金牌
- 2018 菲律賓世界名廚大賽－金牌
- 2019 馬來西亞世界名廚精英賽－總冠軍

學歷

大甲高中美工科畢業

經歷

- 喜利廉有限公司 麵包師傅
- 東京烘焙坊中央工廠 廠長
- 馥漫麵包 麵包部組長
- 布檽麵包 麵包部組長
- 聯翔餅店 麵包部副主廚
- 僑光科技大學 兼任講師
- 弘光科技大學 兼任講師
- 弘光科技大學 餐旅管理系專技講師
- 弘光科技大學 食品科技系專技講師
- 弘光科技大學 子多元廚藝烘焙社指導老師

證照

- 烘焙食品 [麵包] 丙級證照
- 烘焙食品 [麵包蛋糕] 乙級證照
- 中式麵食加工 [糕漿皮] 乙級證照

獲獎

- 2015 日本國際料理人大賽個人賽－麵包－金賞獎
- 2015 日本國際料理人大賽個人賽－中式點心－銀賞獎
- 2016 韓國首爾亞洲名廚美食競賽個人賽－麵包－金獎
- 2016 韓國首爾亞洲名廚美食競賽個人賽－中式點心－銀獎

- 2017 日本國際料理人大會賽－麵包－金牌
- 2017 日本國際料理人大會賽－中式點心－銀牌
- 2018 菲律賓世界名廚大賽－歐式麵包－特金
- 2019 馬來西亞世界名廚精英賽－歐式麵包－特金

葉佳山

經歷

弘光科技大學 餐旅管理系 助理教授

明道大學 餐旅管理系 助理教授

香港山王集團股份有限公司 副總經理

Guang Dong ZQ. Sunown Hotel 總經理

廣東 Atunas Spa & Resort 總經理

專長

- 旅館與餐廳規劃與籌備
- 餐飲管理
- 客房管理
- 創業規劃與執行
- 民宿規劃與籌備
- 活動企劃執行

目錄

CONTENTS

PART 01

PART 02

PART 03

中式點心實務操作 13

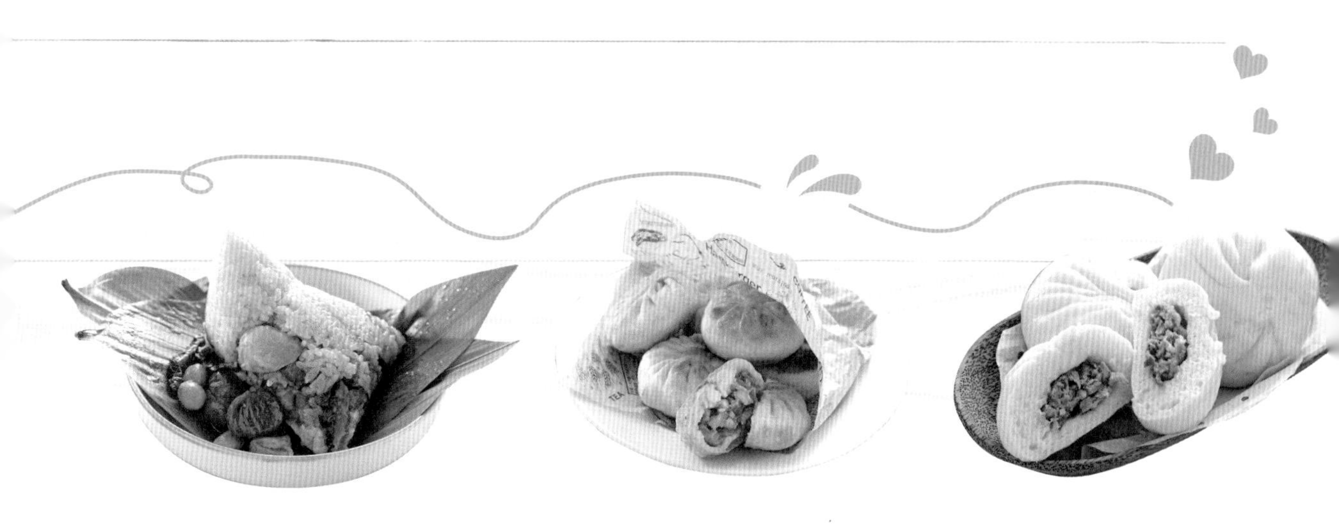

PART 04

西式點心實務操作 143

麵包類

蛋糕類

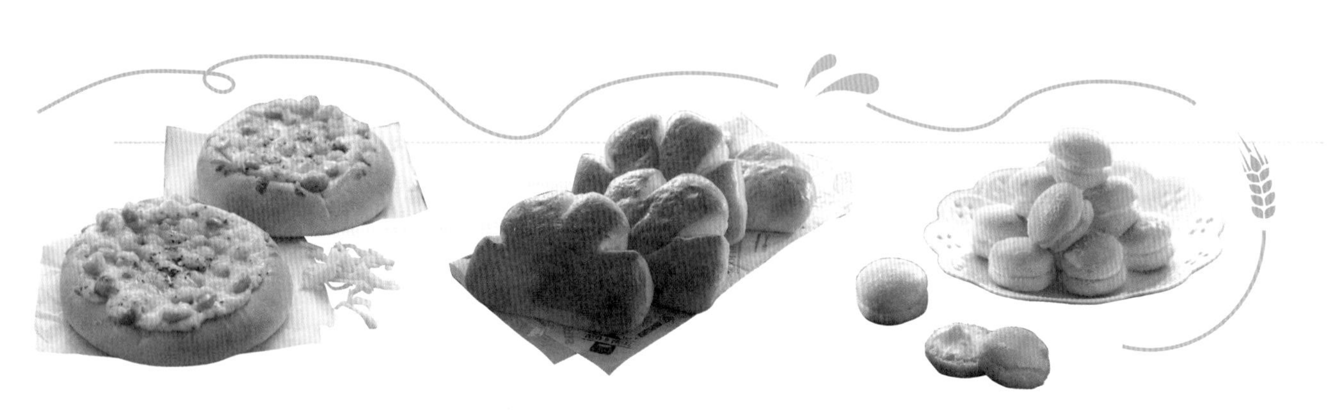

PART

01

製作中西式點心入門須知

- 麵糰筋性階段概述
- 攪拌麵糰製作圖解
- 麵糰滾圓技巧圖解
- 蛋白霜打發技巧圖解

麵糰筋性階段概述

· 筋性的判斷

根據使用目的不同麵糰需要不同的攪拌程度，學會如何判斷是掌握麵包成敗的重要關鍵。以下呈現幾種麵糰攪拌狀態：

1. **和勻**

   粗糙有顆粒感，麵糰會黏手，一拉扯就會斷裂。

2. **5 分筋性**

   麵糰稍稍出現延展性、粗感減少，但仍有顆粒感。

3. **7~8 分筋性**

   拍打聲清脆，表面開始呈現光滑感，稍有彈性，可拉出厚層膜。

4. **完全擴展**

   表面油亮、透亮、高延性、不黏手，可拉出透光的薄膜。

攪拌麵糰製作圖解

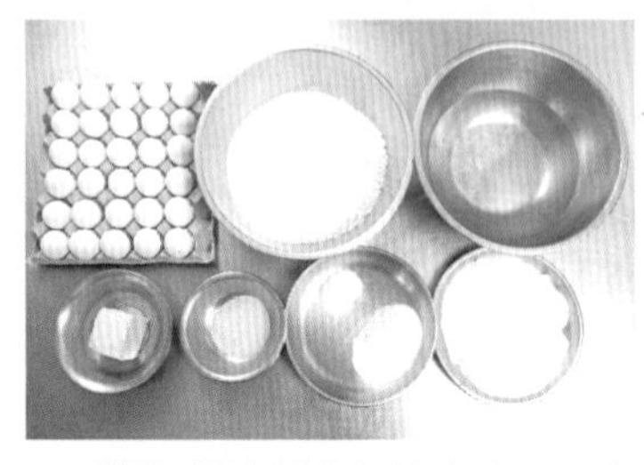

1. 將麵糰材料高筋麵粉、砂糖、精鹽、全蛋、奶粉、酵母粉、水、無鹽奶油，放入攪拌缸，混合攪拌，奶油不用加入。

2. 將所有材料攪拌均勻成糰，呈現粗糙有顆粒感，麵糰會黏手，一拉扯就會斷裂。

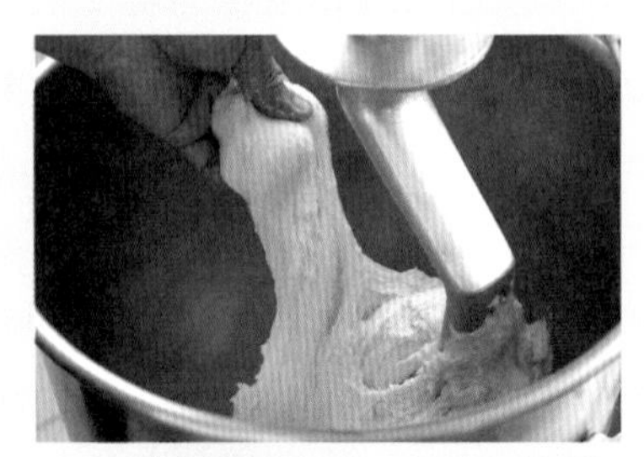

3. 麵糰攪拌成5分筋性狀態，麵糰出現薄弱的延展性，粗感減少，但仍有顆粒感。

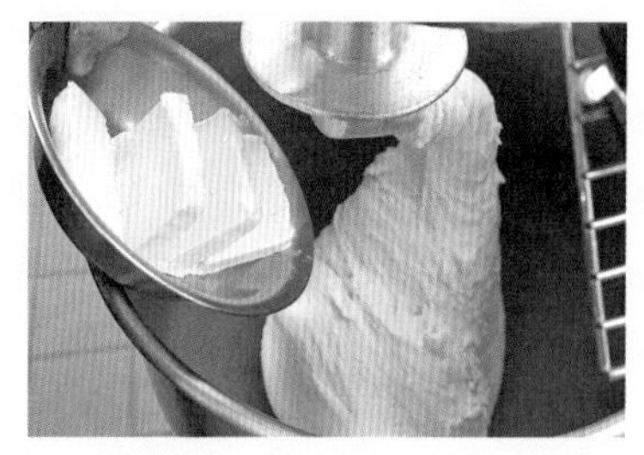

4. 麵糰攪拌成8分筋性狀態，表面開始呈現光滑感，稍有彈性，可拉出厚膜，此時為加入奶油時間點。

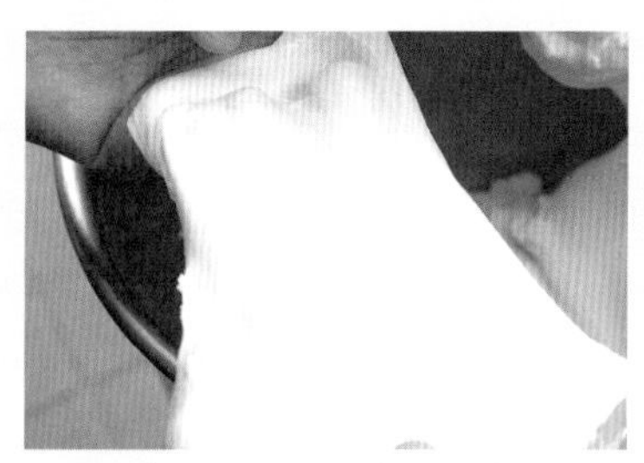

5. 麵糰攪拌成完全擴展狀態，表面油亮、透亮、高延性、不黏手，可拉出透光的薄膜。

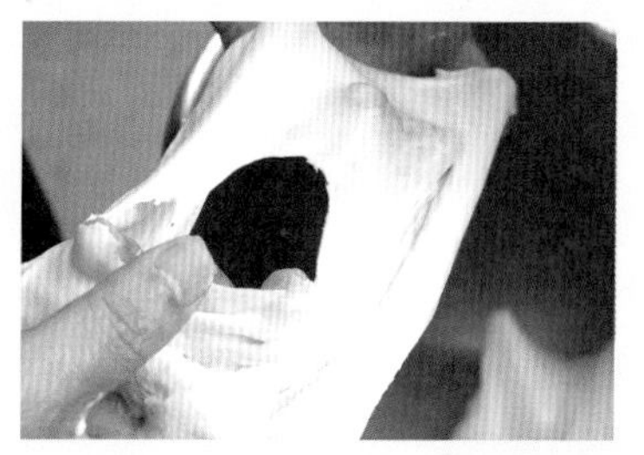

6. 拉出開口，開口呈現細緻光滑無粗糙面。

03 麵糰滾圓技巧圖解

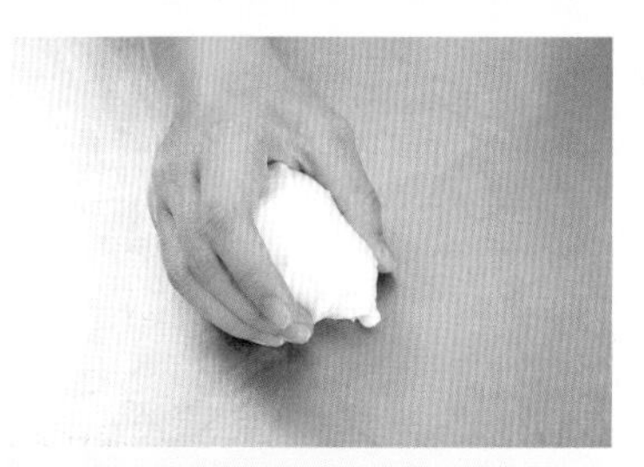

1. 將手掌心擺在麵糰的上方，輕輕地將麵糰推到手掌心，直到麵糰變得平滑且圓形。

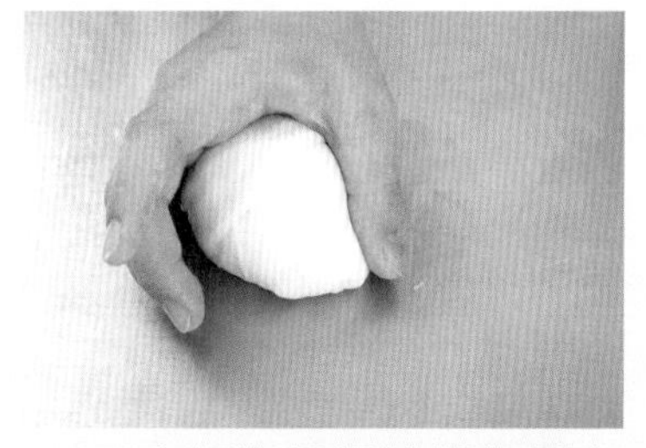

2. 用大拇指輕輕地將麵糰向內壓，形成一個凹陷的中心點。

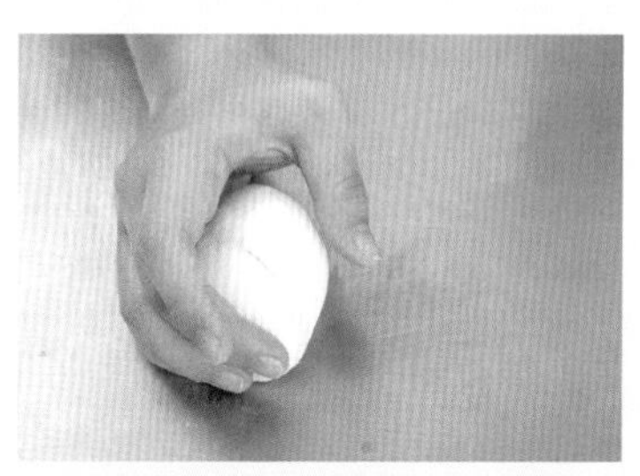

3. 輕輕地旋轉麵糰，並用手掌心或手指輕輕地向下按壓。

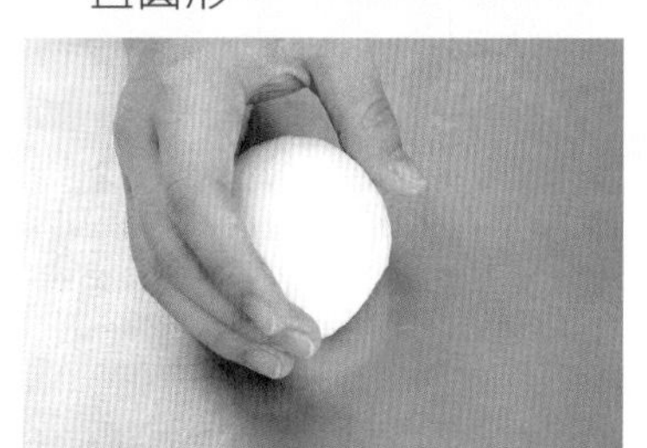

4. 使麵糰均勻地受到壓力。

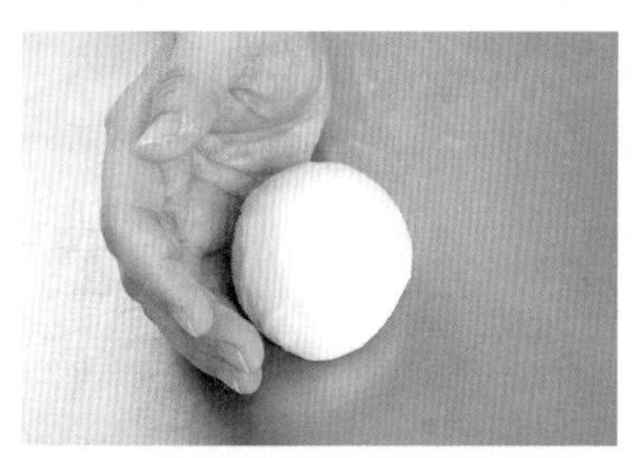

5. 在工作檯上重複這個動作幾次，即完成。

04

蛋白霜打發技巧圖解

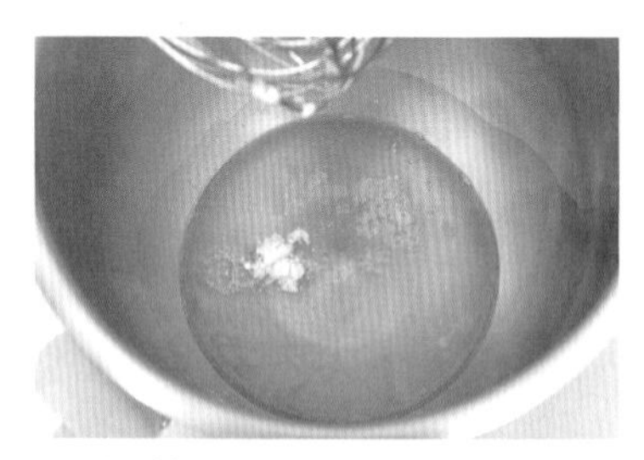

1. 先將蛋白、塔塔粉、鹽放進攪拌缸。

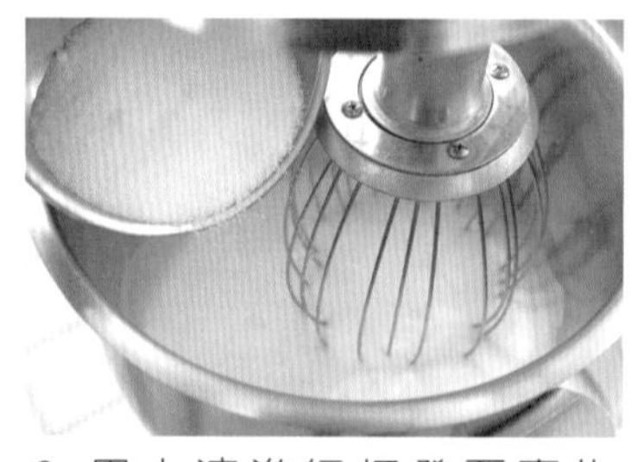

2. 用中速進行打發至產生大氣泡，加入1/3量的砂糖。

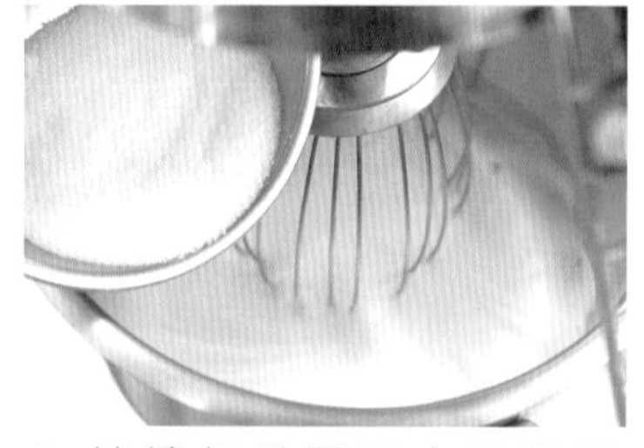

3. 持續打發至蛋白呈現雪白色，不透明狀，再加入1/3砂糖。

4. 持續打發至蛋白呈現鬆軟狀態，產生光澤後，再把剩餘的砂糖加入。

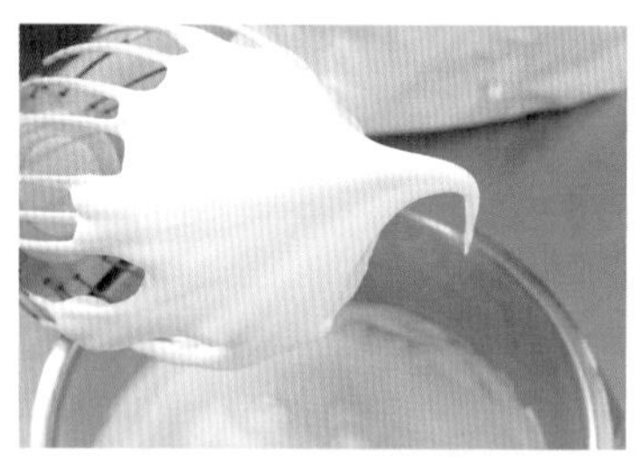

5. 持續打發，直到撈起時，勾角呈現緩慢傾斜的程度。（此階段為濕性發泡）

PART

02

認識材料、器具

- 常用材料認識
- 常用器具認識

常用材料認識

椰子粉
花椒粉
布丁粉
香草粉
吉利丁片
吉利丁粉
麥芽糖
全蛋
蛋黃
鮮奶
白油
奶油

豬油
花生油
沙拉油
含油烏豆沙
白豆沙
綠豆沙
熟白芝麻
生白芝
葡萄乾
鹹蛋黃
絞碎豬肉
豬肥油（白表碎）

奇異果

果醬

可可粉

常用器具認識

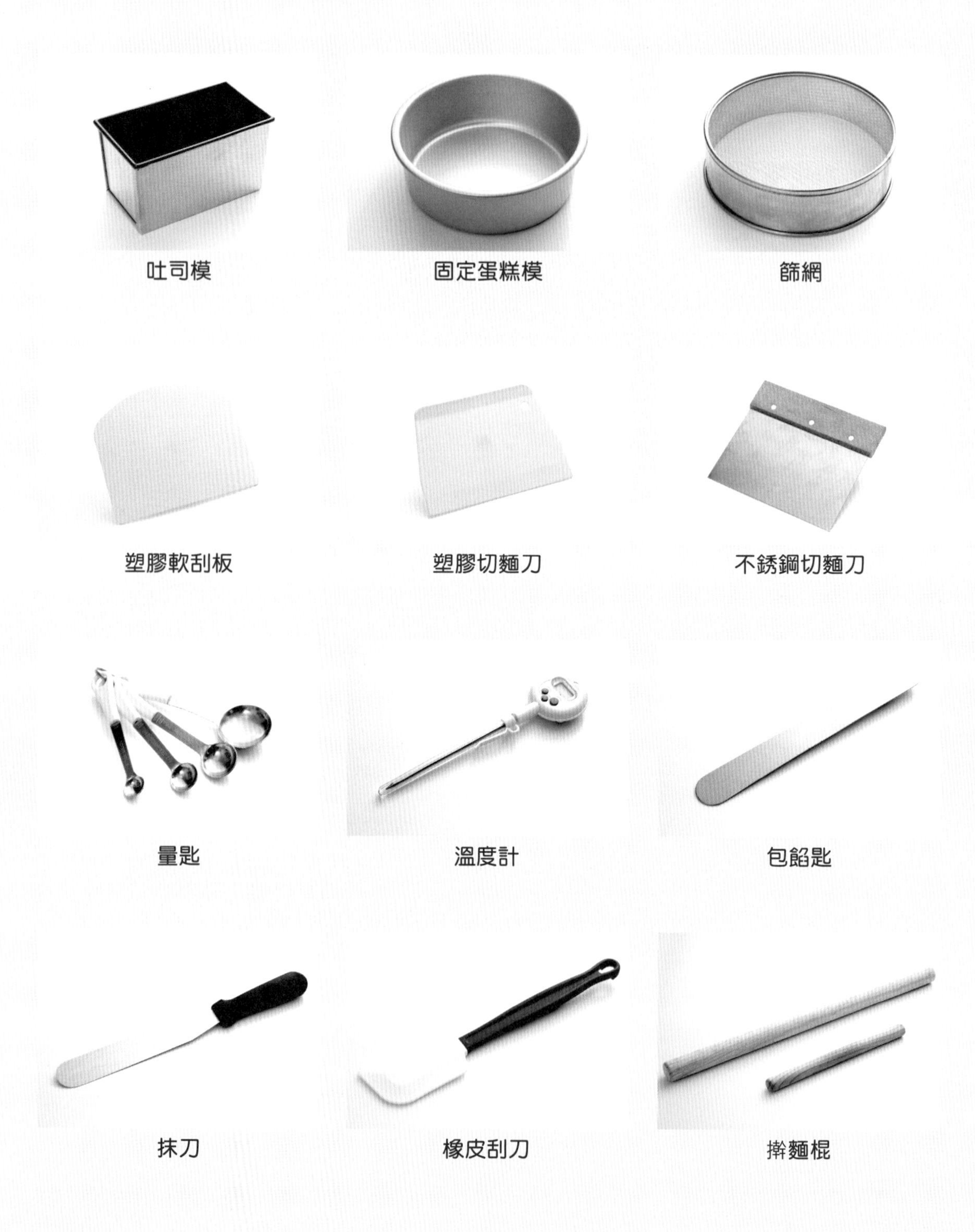

吐司模　固定蛋糕模　篩網

塑膠軟刮板　塑膠切麵刀　不銹鋼切麵刀

量匙　溫度計　包餡匙

抹刀　橡皮刮刀　擀麵棍

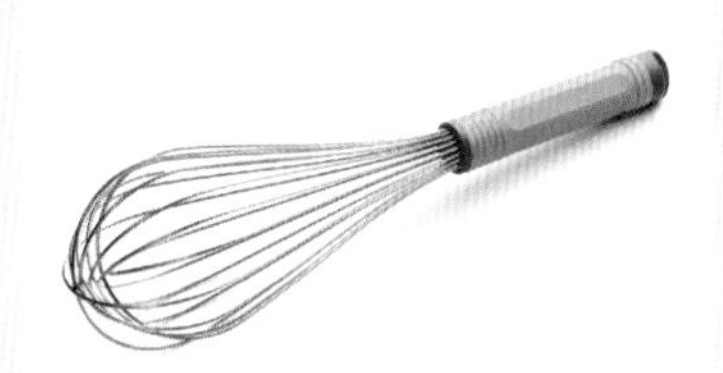

打蛋器

擠花嘴、袋

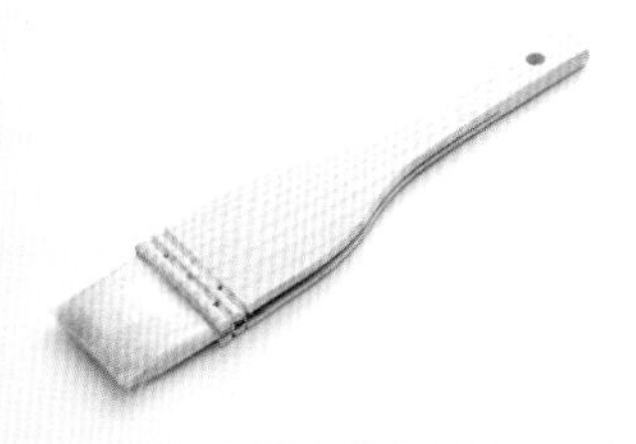

蛋刷

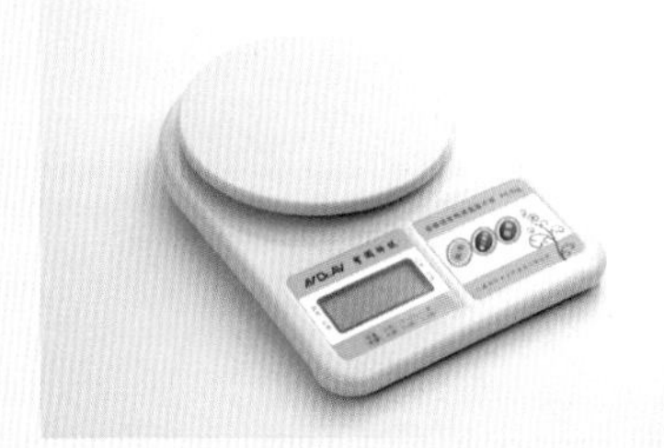

電子磅秤

量杯

鋼盆

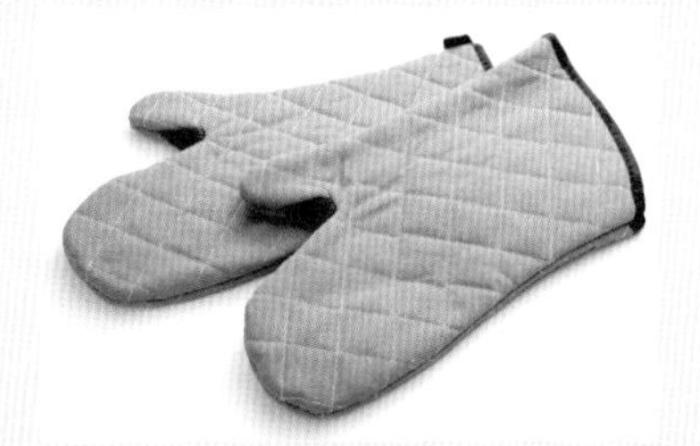

隔熱手套

槳狀攪拌器

鉤狀攪拌器

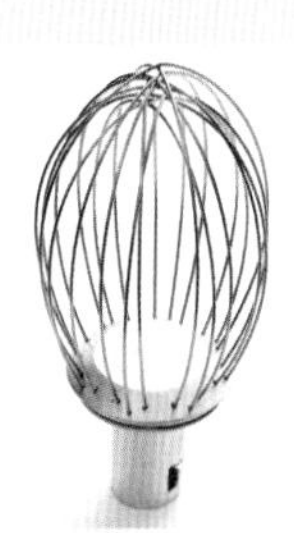

球狀攪拌器

不沾布

三角紙

烤盤

MEMO

PART 03

中式點心實務操作

01. 蝦仁燒賣

小知識分享

「燒賣」起源於元朝，距今有七百多年的歷史，顧客往往被其外型所吸引，因為頂端並沒有包起來，既不像餃子也不像雲吞，而「燒賣」的名稱也就被沿用至今。

資料來源：https://www.ntdtv.com/b5/2016/09/24/a1288079.html

前置作業

A. 麵皮材料

中筋麵粉	600g
熱水	350g
鹽	2g
沙拉油	10g

重量單位：公克

B. 內餡材料

絞肉（粗）	600g
白表碎（肥油）	100g
紅蘿蔔	150g
乾香菇	50g
韭黃	100g
豆薯	50g
香菜	30g
魚漿	100g
蝦仁	150g

重量單位：公克

C. 調味料

鹽	1T
味素	2T
糖	2T
油膏	20g
香油	30g
酒	20g
白胡椒粉	5g

重量單位：公克

作法

1. 將材料Ａ混和攪拌均勻，放置備用。
2. 將材料Ｂ和材料Ｃ混和攪拌均勻成內餡，放置冰箱備用。
3. 將作法 1. 的麵糰分成小塊麵糰搓圓，包入已做好的內餡。
4. 包好後，放入蒸籠蒸 8 分鐘，即完成。

製作步驟

1、中筋麵粉加鹽、油，加入100℃熱水，放入攪拌缸攪拌均勻後，裝入塑膠袋醒麵5分鐘備用（俗稱燙麵）。過程中可添加天然色素紅麴、抹茶粉…等，增加外皮顏色。

2、紅蘿蔔、香菇、韭黃、豆薯、香菜切碎，連同魚漿拌入絞肉，加入調味料。

3、拌勻放入冷藏冰箱中，備用。

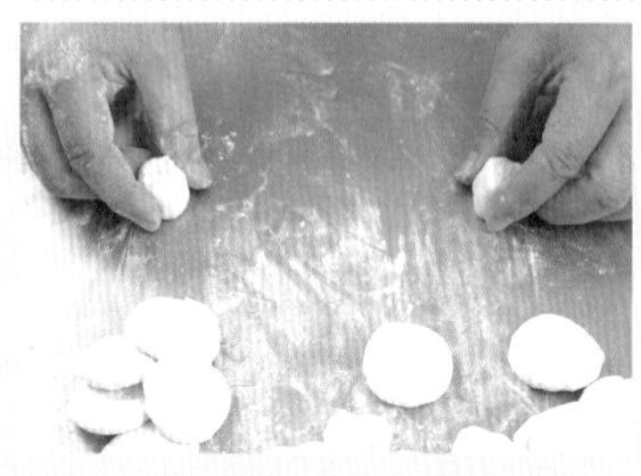

4、將燙麵搓成長條狀，捏下每個麵糰10公克。

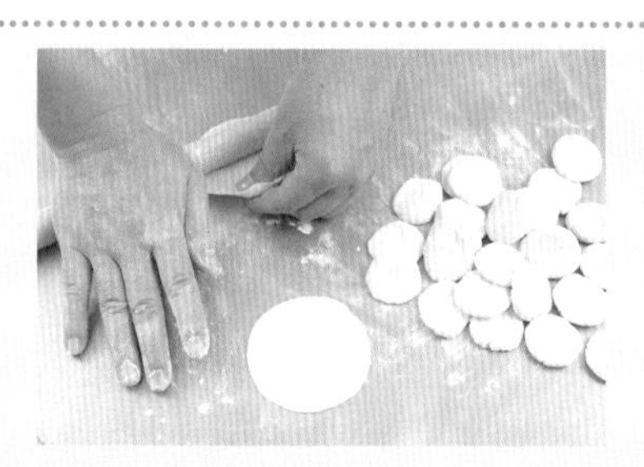

5、再擀成圓形狀。

6、包入肉餡，頂部放一顆蝦仁。

7、將麵皮放至虎口，一邊旋轉，一邊利用餡匙，捏造折痕。

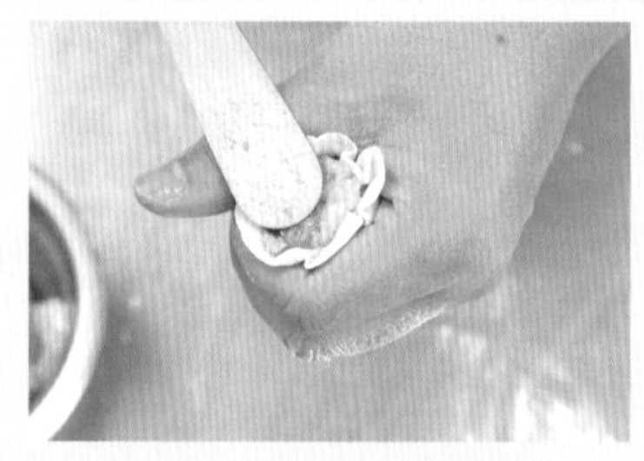

8、最後將餡料調整好，製作成燒賣形狀。

9、放入蒸籠中大火蒸8分鐘。

10、完成品。

職人延伸 Q&A

1. 蝦仁燒賣所使用之蝦仁品質，應如何挑選呢？

答

2. 燒賣蒸熟後，放置一段時間，外皮變硬，是什麼原因造成的呢？

答

02. 三鮮鍋貼

小知識分享

鍋貼有二個傳說，北宋建隆年太祖吃了用鐵鍋煎的餃子，就隨口說那就叫鍋貼；另一說廣東師傅到山東青島吃了煎餃，覺得很好吃，於是帶回家鄉，經過改良，才演變成今天的鍋貼。

資料來源：https://baike.baidu.hk/item/%E4%B8%89%E9%AE%AE%E9%8D%8B%E8%B2%BC/6624799

前置作業

A. 麵皮材料

中筋麵粉	600g
熱水	350g
鹽	2g
沙拉油	10g

重量單位：公克

B. 內餡材料

絞肉（粗）	600g
白表碎（肥油）	100g
洋蔥	30g
青蔥	50g
薑	30g
蝦仁	80g
魚漿	80g

重量單位：公克

C. 調味料 1T=1/2 大匙

鹽	1T
味素	2T
糖	2T
醬油膏	20g
香油	30g
酒	20g
白胡椒粉	5g

重量單位：公克

作法

1. 將材料A混和攪拌均勻，放置備用。
2. 將材料B和材料C混和攪拌均勻成內餡，放置冰箱備用。
3. 將作法 1. 的麵糰分成小塊麵糰搓成長條形，包入已做好的內餡。
4. 包好後，放入平底鍋，以麵粉 1：水 15 的比例，燜煮 3~5 分鐘，至麵粉水燒乾成金黃色冰花，即完成。

製作步驟

1、中筋麵粉加鹽、油，加入100℃熱水，放入攪拌缸攪拌均勻後，裝入塑膠袋醒麵5分鐘備用（俗稱燙麵）。過程中可添加天然色素紅麴、抹茶粉…等，增加外皮顏色。

2、蝦仁、洋蔥、蔥、薑切碎連同魚漿拌入絞肉，加入調味料。

3、拌勻後放入冷藏，備用。

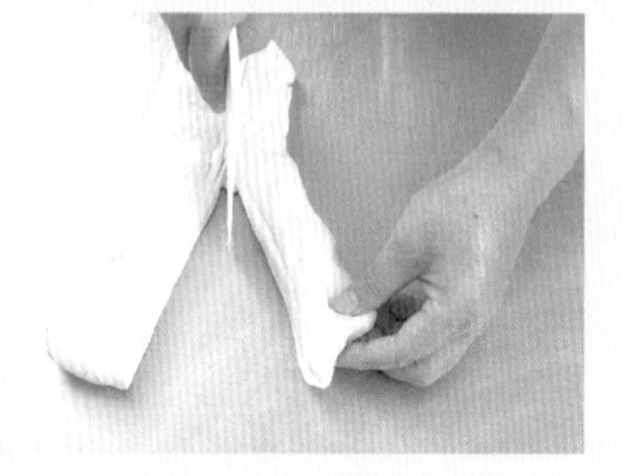

4、將燙麵麵糰搓成長條狀。

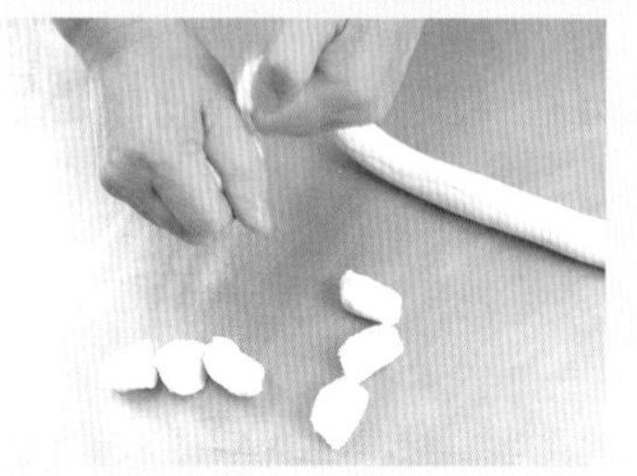

5、分切成13~15公克小麵糰。

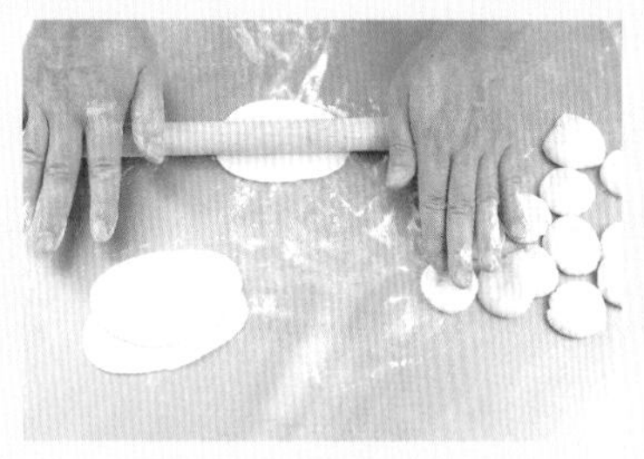

6、用擀麵棍擀成長條狀。

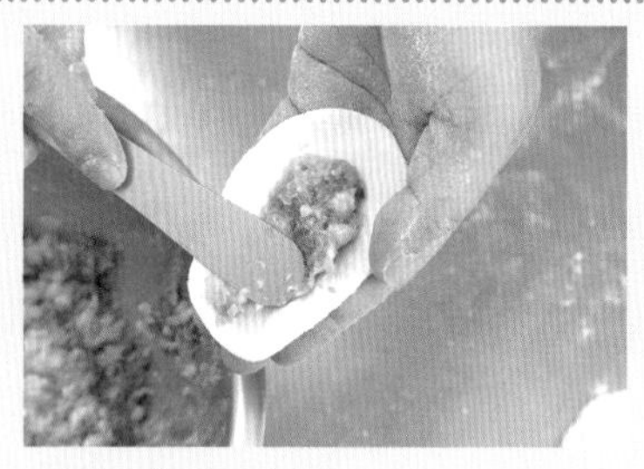

7、包入內餡。

8、包起捏合即可。

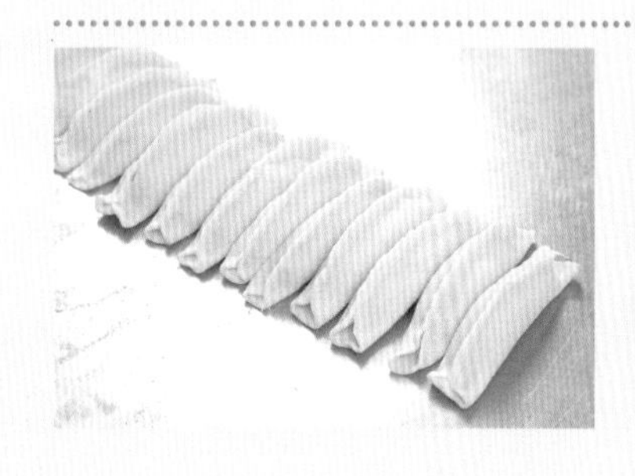

9、平底鍋加入少許沙拉油熱鍋，將做好的鍋貼依序排入鍋中。

10、加入麵粉水（麵粉1：水15），蓋上鍋蓋中小火悶煮約3~5分鐘，可開蓋檢查水分是否完全蒸發。

11、煎至鍋貼底部呈現金黃色冰花，即完成。

職人延伸 Q&A

1. 鍋貼屬於哪一種麵食的煎製？

答

2. 冰花的製成，粉水的比例為何？

答

03. 港式蘿蔔糕

小知識分享

蘿蔔糕象徵步步高升，是一種廣東食品，經常於粵式茶樓的點心販賣；蘿蔔糕在閩南文化中也經常可見福建南部、臺灣，新加坡及馬來西亞也甚為普遍，當地人以閩南泉漳語、潮汕語稱之為菜頭粿。臺灣客家人則稱之為蘿蔔粄或菜頭粄。

資料來源：https://zh.m.wikipedia.org/zh-tw/%E8%98%BF%E8%94%94%E7%B3%95

前置作業

A. 麵皮材料	
在來米粉	600g
地瓜粉	60g
太白粉	60g
水	1800g

重量單位：公克

C. 調味料	
鹽	10g
味素	20g
糖	20g
白胡椒粉	10g

重量單位：公克

B

B. 配料	
白蘿蔔絲	1800g
水	1800g
油	60g
雞粉	60g
開陽	20g
臘腸	30g

重量單位：公克

作法

1. 將材料A及C混和攪拌均勻成粉漿。
2. 將材料B中的白蘿蔔絲與雞粉，入鍋拌炒後，加入水燜煮 5 分鐘。
3. 將材料B中的開陽、臘腸處理好，加進粉漿水，再將作法 2. 煮好的白蘿蔔絲倒入。
4. 混和均勻，用大火蒸 40 分鐘，即完成。

製作步驟

1、放入在來米粉、太白粉、地瓜粉。

2、加入調味料。

3、在水中拌勻成粉漿水，備用。

4、鍋中加入沙拉油熱鍋再將白蘿蔔絲、雞粉，放入鍋中。

5、拌炒後加水。

6、燜煮約 5 分鐘至蘿蔔絲熟透。

7、開陽過油炒香，臘腸蒸軟切小丁狀。全部加入粉漿水中（可留下部分材料置頂裝飾）。

8、將作法6.煮好的蘿蔔絲沖入粉漿水中。

9、拌勻呈糊化。

10、分裝至長鋁條模具中。

11、可將留下的部分材料，裝飾於表面，蓋上保鮮膜。

12、大火蒸40分鐘用筷子插入檢查是否熟透。

13、完成品。

職人延伸 Q&A

1. 改善碗粿、蘿蔔糕表面離水及內部分層之現象，可運用哪些方法？

答

2. 評斷蘿蔔的品質好壞，有哪一些標準？

答

04. 蘿蔔絲餅

小知識分享

蘿蔔在臺灣俗稱菜頭（臺羅：tshài-thâu），為十字花科蘿蔔屬草本植物，蘿蔔的根部是最常見的蔬菜之一，分為白蘿蔔、青蘿蔔和櫻桃蘿蔔三種。而胡蘿蔔屬繖形科胡蘿蔔屬，並不是蘿蔔的一種。

資料來源：https://zh.wikipedia.org/zh-tw

前置作業

A. 麵皮材料

中筋麵粉	600g
熱水	210g
冷水	150g
鹽	3g
油	10g

重量單位：公克

B. 配料

白蘿蔔絲	600g
乾香菇	30g
青蔥	300g
火腿	50g
開陽	50g
白芝麻	100g

重量單位：公克

C. 調味料 1T=1/2 大匙

鹽	1T
味素	2T
糖	2T
白胡椒	15g
黑胡椒	10g
香油	20g
醬油	15g

重量單位：公克

作法

1. 麵粉加入油、鹽、熱水，先行拌匀後加入冷水，揉至光滑均匀（俗稱半燙麵、半水麵）備用。
2. 白蘿蔔絲加鹽搓揉製出水後，用清水洗淨脫水及脫乾後備用。
3. 乾香菇泡水後切絲，青蔥、火腿、開陽（需泡水）切碎備用。
4. 鍋中加油將配料爆香（青蔥除外），加入蘿蔔絲、調味料拌炒，起鍋前加入青蔥翻炒即可。
5. 麵糰切割 50g 擀圓，包入餡料並捏成圓形，表面沾糖水再沾芝麻後入鍋，炸至金黃色，即完成。

製作步驟

製作麵糰

1、麵粉加油、鹽、熱水。

2、先行攪拌。

3、加入冷水，攪拌光滑均匀（俗稱半燙麵、半水麵），備用。

製作內餡

4、白蘿蔔絲加鹽搓揉出水，再用清水洗淨脫水，備用。乾香菇泡水切絲、青蔥切蔥花、火腿片切絲、開陽泡水切碎，備用。

5、炒鍋加油熱鍋，將配料爆香（蔥花除外），再加入白蘿蔔絲、調味料拌炒。

6、起鍋前，加入蔥花、香油即可。

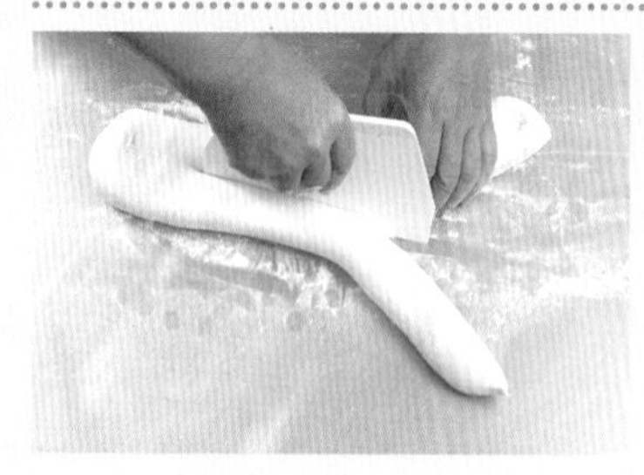

7、麵糰切割每個50公克。

8、擀圓。

9、包入內餡。

10、將麵皮封口，抓齊捏緊，整成圓形狀。

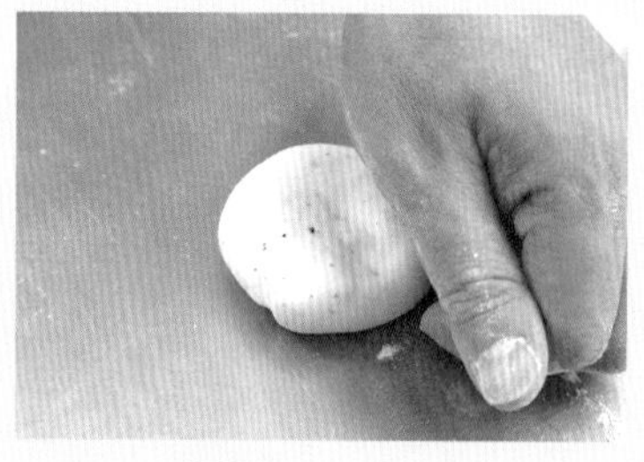

11、輕壓。

12、沾糖水。

13、沾白芝麻。

14、入鍋炸至金黃色即可。

15、完成品。

職人延伸 Q&A

1. 要吃到好吃的蘿蔔絲餅，除了烹調手藝要好之外，可選擇白蘿蔔的盛產期，請問是何時呢？

答

2. 蘿蔔絲餅在室溫可保存多久？

答

05. 鮮肉包子

小知識分享

「包子」一詞最早出現自宋代，本稱饅頭，別稱籠餅，相傳是為諸葛亮發明，但中國人吃饅頭的歷史，至少可追溯到戰國時期，那時稱為「蒸餅」，包子由麵粉包葷餡或由素餡做成。

資料來源：https://baike.baidu.com/item/%E5%8C%85%E5%AD%90/4637

A. 麵皮材料

中筋麵粉	600g
酵母粉	7g
泡打粉	6g
白油	6g
細砂糖	60g
水	310g

重量單位：公克

B. 內餡材料

絞肉	600g
蔥	100g
薑	100g

重量單位：公克

C. 調味料 1T=1/2 大匙

鹽	1T
味素	2T
糖	2T
醬油膏	20g
香油	30g
酒	20g

重量單位：公克

1. 將麵粉加入酵母粉、糖、泡打粉、白油、水，用攪拌機拌均勻後，再用壓麵機重複壓至光滑均勻。
2. 蔥切成蔥花，薑切末加入絞肉中，再加入調味料拌勻放入冰箱中冷藏 1 小時備用。
3. 壓好的麵糰分切成 50g 小麵糰，擀成圓形狀，再包入內餡捏成包子狀，醒麵 15~20 分鐘。
4. 大火蒸 20 分鐘後，即完成。

製作步驟

1、蔥切成蔥花、薑切末加入絞肉中，再加入調味料。

2、拌勻放入冰箱冷藏，備用。

3、將麵粉加入酵母粉、細砂糖、泡打粉、白油、水。

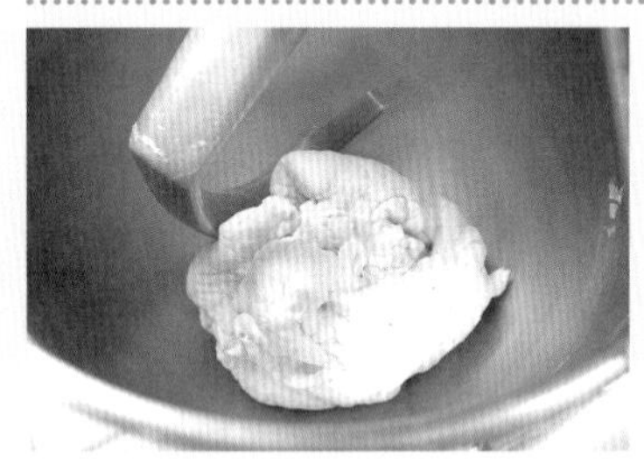

4、放入攪拌缸拌勻至光滑。

5、將麵糰切分50公克麵糰。

6、用擀麵棍擀成圓形。

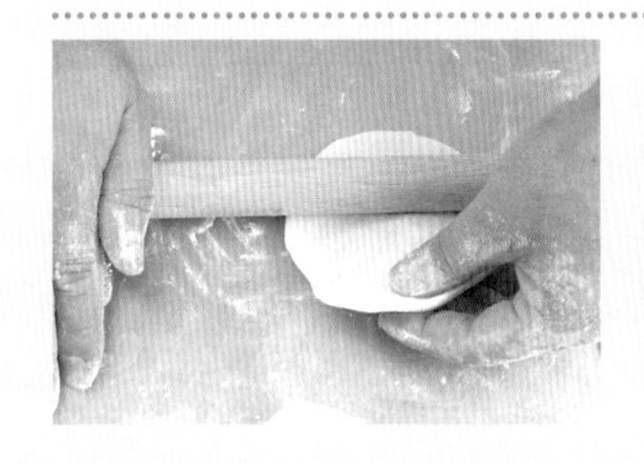

7、將肉餡放入麵皮中，用餡匙輕壓。

8、運用大姆指與食指捏出折痕。

9、捏成包子形狀，醒麵15~20分鐘。

10、醒麵後，大火蒸20分鐘，即完成。

1. 攪拌鮮肉包麵糰，應使用何種形狀攪拌器？

 答

2. 製作完成的新鮮肉包放在冷藏狀態時，大約可保存多久時間？

 答

06. 豆沙包子

小知識分享

豆沙包，也稱作豆蓉包，是以紅豆沙為餡的麥包，為起源於京津的傳統小吃。豆沙餡的作法是將紅小豆去掉豆皮，再碎煮爛，加糖，再用油炒製。把餡放入用澄面和生粉搓成粉糰的皮，在蒸籠裡蒸即成。

資料來源：https://www-baike-com.translate.goog/wikiid

前置作業

A. 材料

中筋麵粉	600g
酵母粉	7g
泡打粉	6g
細砂糖	6g
水	310g
白油	6g

重量單位：公克

B. 內餡

有油豆沙	360g

重量單位：公克

作法

1. 參考 P.32 鮮肉包子麵皮作法。
2. 豆沙分割成 20g 包入麵皮，捏成麥穗形狀，醒麵 15~20 分鐘後，放入蒸籠中大火蒸 15 分鐘，即完成。

製作步驟

1、豆沙分割成小塊20公克長條狀，備用。

2、將麵粉加入酵母粉、細砂糖、泡打粉、白油、水，放入攪拌缸拌勻至光滑。

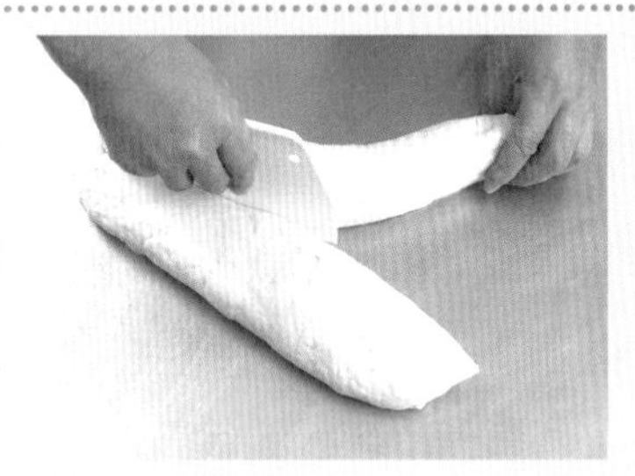

3、將麵糰切分50公克麵糰。

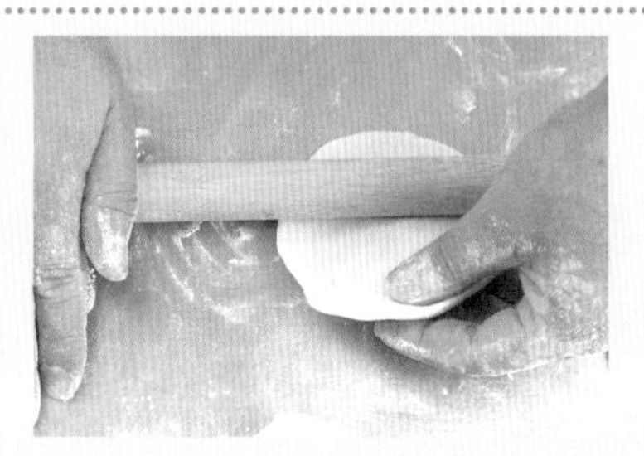

4、用擀麵棍擀成圓形餡捏狀。

5、包入豆沙餡。

6、左右捏合，依序往前包。

7、捏成麥穗形狀，醒麵15~20分鐘。

8、醒麵後，大火蒸15分鐘，即完成。

1. 豆沙餡常以食品水活性控制微生物生長繁殖，當水活性高時微生物生長繁殖率高，而一般低水活性範圍是多少？

 答

2. 豆沙包蒸製過程中，除了時間點外，應注意什麼事項？

 答

07. 生煎包子

小知識分享

生煎包又稱生煎饅頭，是流行於上海的一種地方傳統小吃，上海人習慣稱「包子」為「饅頭」，餡心以鮮豬肉加皮凍為主，也增加了雞肉、蝦仁等多種品種，目前上海已有很多生煎饅頭的專業店。

資料來源：https://baike.baidu.com/

前置作業

A. 麵皮材料

中筋麵粉	1kg
酵母粉	12g
泡打粉	10g
細砂糖	100g
水	510g
白油	8g

重量單位：公克

B. 內餡材料

青蔥	200g
開陽	25g
油蔥酥	30g
豬絞肉	600g
高麗菜	1 顆
白芝麻	100g
紅蘿蔔	200g

重量單位：公克

C. 調味料 1T=1/2 大匙

鹽	1T
味素	2T
糖	2T
白胡椒粉	2T
油膏	50g
香油	50g

重量單位：公克

作法

1. 高麗菜切碎，紅蘿蔔切絲，用鹽拌勻加壓脫水成為高麗菜乾，再加入絞肉。
2. 青蔥切丁，開陽泡水瀝乾，全部加入絞肉中，油蔥酥及調味料亦同，即成內餡。
3. 麵皮材料放入鋼盆攪拌至光滑均勻，分割 50g 一糰，擀圓包入內餡，沾水、沾白芝麻即可。
4. 平底鍋加油、微加熱，再放入包好的生煎包，最後加入麵粉水，中火收乾，底部呈金黃色，即完成。

製作步驟

製作餡料

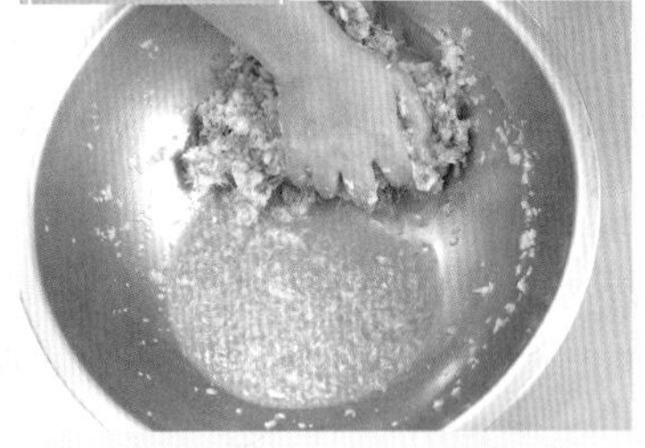

1、高麗菜、紅蘿蔔切絲、加鹽。

2、殺青脫水。

3、製成高麗菜乾。

4、青蔥切蔥花、開陽泡水瀝乾切細再加入絞肉、油蔥酥。

5、加入調味料。

6、攪拌均勻，製成內餡，備用。

製作麵皮

7、麵皮材料放入攪拌缸中攪拌至光滑均勻。

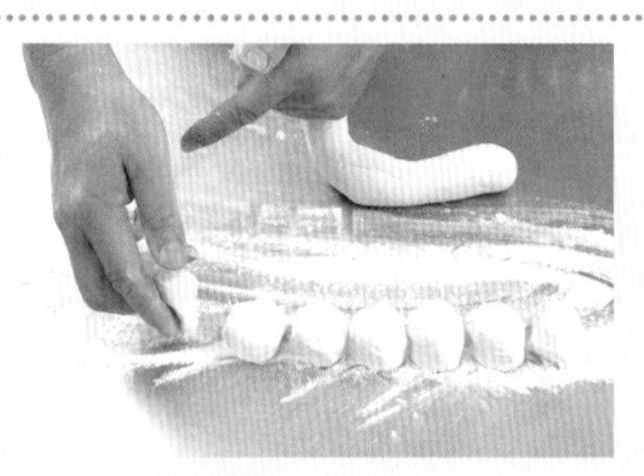

8、分每個50公克。

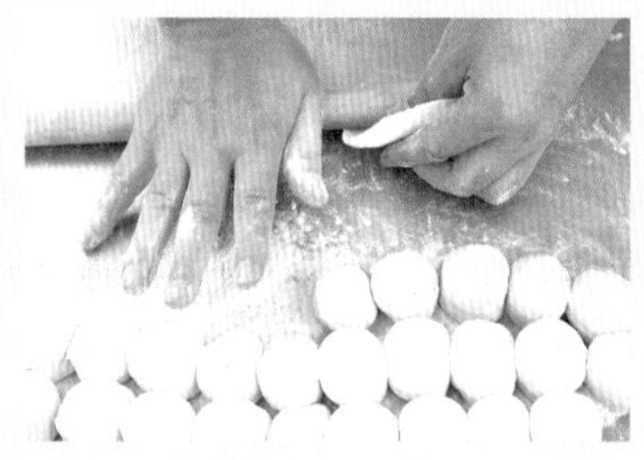

9、擀成圓形。

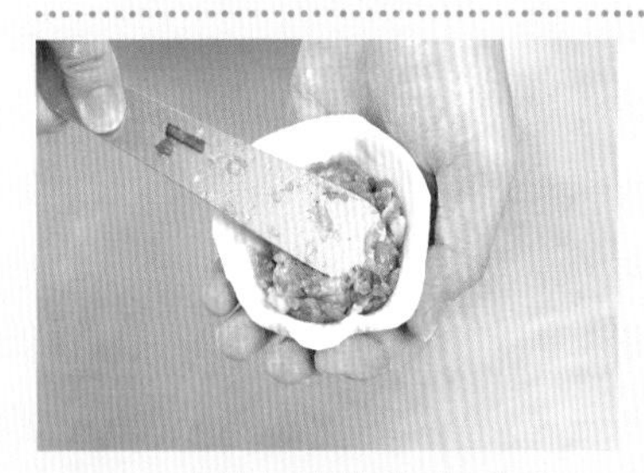

10、將內餡放入麵皮中，用餡匙輕壓。

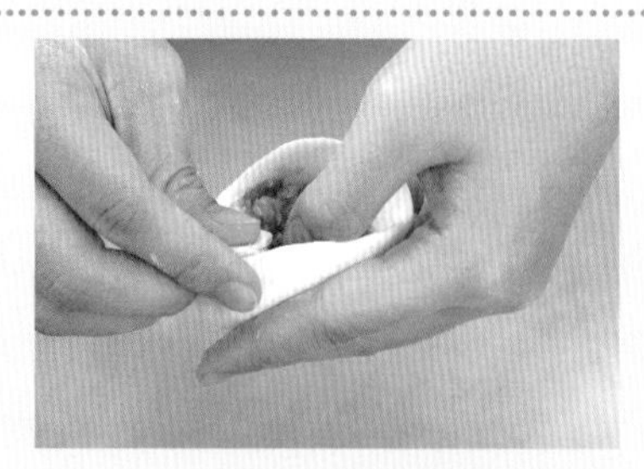

11、運用大姆指與食指捏出折痕，依序捏合麵皮。

12、製成包子形狀。

13、沾水。

14、沾芝麻。

15、平底鍋加油、加熱，依序放入包好的生煎包。

16、煎至底部微上色。

17、最後加水。

18、加蓋，燜約5~8分鐘。

19、底部呈現金黃色。

20、完成品。

職人延伸 Q&A

請問生煎包放入平底鍋中，後續加入的水量為何？

答

08. 叉燒包

小知識分享

叉燒包是香港、澳門以至廣東具代表性的粵式點心之一，切成丁的叉燒，加入蠔油等調味成為餡料，外面以麵粉包裹，放在蒸籠內蒸熟而成，稍為裂開露出叉燒餡料，是其特色。

資料來源：https://www.wikiwand.com/zh-tw/%E5%8F%89%E7%87%92%E5%8C%85

前置作業

A. 麵皮材料

低筋麵粉	350g
澄粉	120g
細砂糖	120g
酵母粉	12g
白油	46g
水	175g
銨粉	3g
泡打粉	16g

重量單位：公克

B. 內餡材料

絞肉	300g
叉燒肉	300g
叉燒醬	3T
紅色色素	少許

重量單位：公克

作法

1. 將麵皮材料扣除泡打粉後放入攪拌機中，打至光滑均勻後，醒麵 40 分鐘，再放回攪拌機加入泡打粉攪拌均勻。
2. 叉燒肉切小丁，再與絞肉、叉燒醬、色素拌均勻冷藏 1 小時備用。
3. 將麵糰分割成 50g 小麵糰，包入叉燒肉餡捏成叉燒包狀，再醒麵 20 分鐘。
4. 大火蒸製 15 分鐘，即完成。

製作步驟

製作餡料

1、放入叉燒肉切小丁與絞肉，加入叉燒醬。

2、加入紅色色素。

3、攪拌均勻，備用。

製作麵皮

4、將麵皮材料扣除泡打粉後，放入攪拌機打至光滑均勻後醒麵。

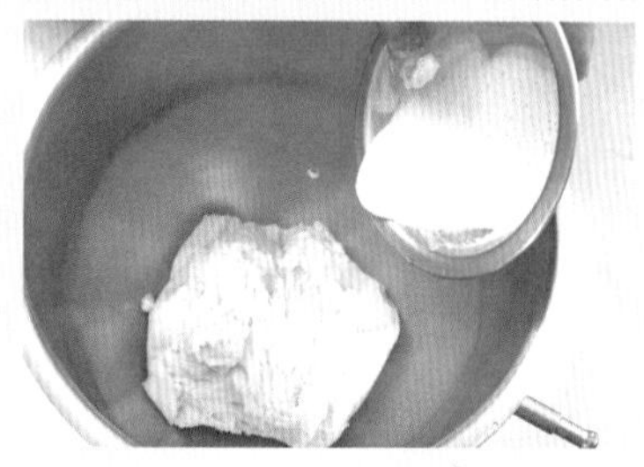

5、40分鐘後，再放入攪拌缸，加入泡打粉。

6、再攪拌均勻，備用。

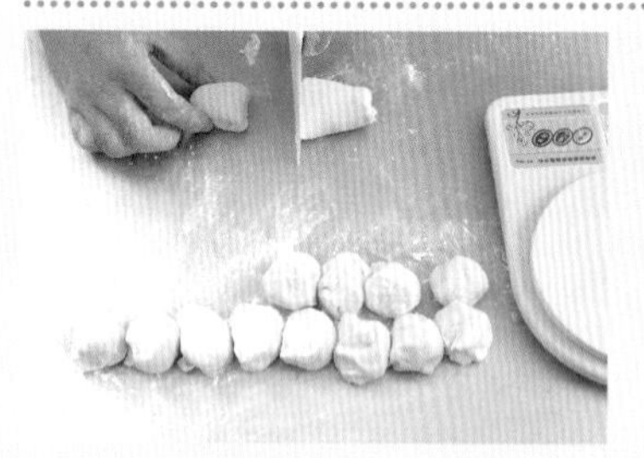

7、將麵糰分割50公克。

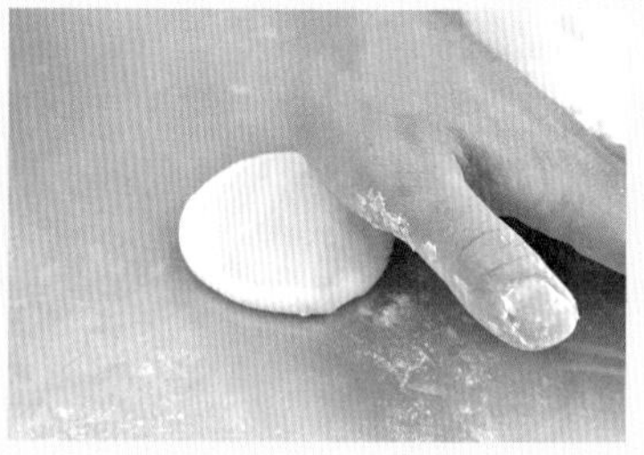

8、壓成圓形。

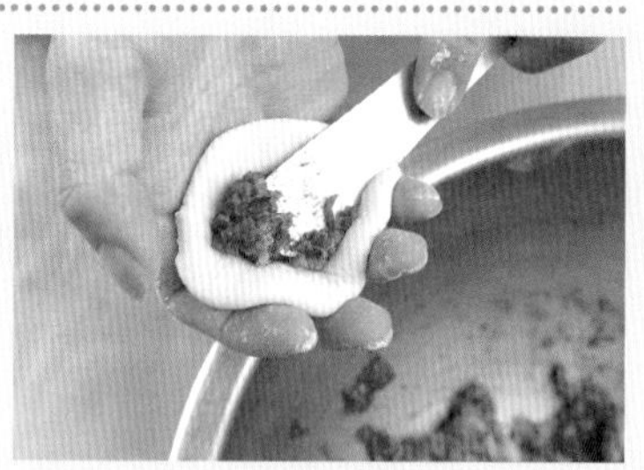

9、包入絞肉內餡。

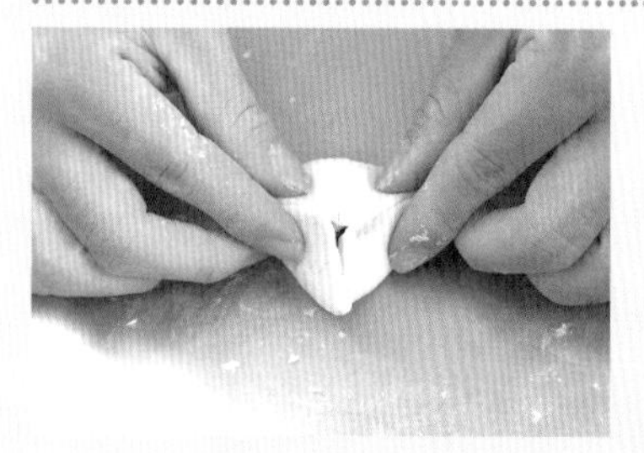

10、捏成等邊三角形。

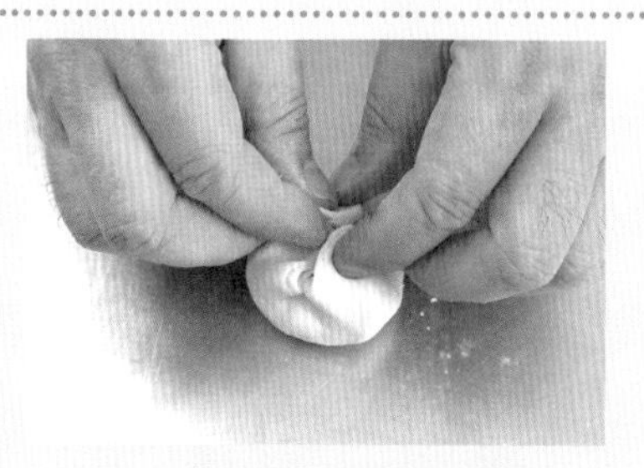

11、將三頂角向內捏合。

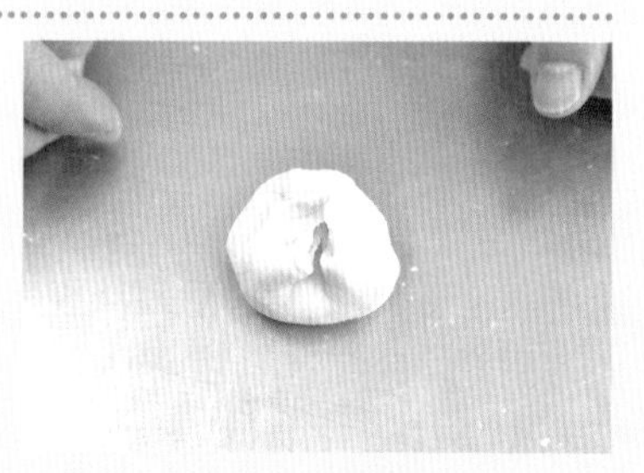

12、醒麵20分鐘。

13、大火蒸製15分鐘。

14、完成品。

職人延伸 Q&A

1. 叉燒包的泡打粉若攪拌不均時會出現什麼狀況？

答

2. 叉燒包產品外觀需裂口透餡，哪一些因素可以對產品外觀裂口有幫助？

答

09. 菜肉餛飩

小知識分享

1945 年後來自中國大陸各地的軍人把家鄉餛飩的稱呼帶到臺灣，因此有，「餛飩」、「扁食」、「雲吞」、「抄手」的說法都常見。臺灣餛飩有三大著名地區：臺北市溫州大餛飩、東部花蓮縣玉里餛飩，以及南部屏東縣里港餛飩。其中里港餛飩據說由趙姓福州師傅在里港最先販售。

資料來源：https://zh.m.wikipedia.org

前置作業

A. 肉餡 & 調味料 [1]

1T=1/2 大匙	
絞肉	600g
青江菜	1000g
鹽	1T
味素	2T
糖	2T
白胡椒	2T

重量單位：公克

B. 湯汁材料

大骨	1 付
雞骨	1 付
青蔥	100g
薑	100g
台式芹菜	80g

重量單位：公克

C. 外皮 & 配料

中張餛飩皮	2 包
雞蛋	4 個
小白菜	150g
榨菜絲	20g
海苔	2 張
蒜頭	20g
辣椒	20g

重量單位：公克

D. 調味料 [2]

1T=1 大匙	
水	3000g
鹽	1T
味素	2T
糖	2T
白胡椒	2T
香油	2T

重量單位：公克

作法

1. 大骨、雞骨汆燙後，加入水、青蔥、薑熬煮 1 小時後，加入調味料 [2] 及台式芹菜末。
2. 將青江菜汆燙後，加入冰塊冷卻，放入調理機中切碎；再加入絞肉中，調味料 [1]，拌勻成肉餡後備用。
3. 配料中將雞蛋打散，過篩後做成蛋皮；將小白菜切成段狀、海苔切絲；榨菜絲汆燙後與蒜頭加辣椒調味拌炒。
4. 將拌好之肉餡包入餛飩皮中並沾水捏成三角帽狀，再灑上太白粉即可備用。
5. 餛飩分鍋煮撈起放置碗中加湯，再依序加入蛋皮絲、海苔絲、榨菜絲及汆燙過之段狀小白菜，即完成。

製作步驟

1、將大骨、雞骨汆燙過水。

2、起一湯鍋，加入大骨、雞骨、蔥、薑。

3、熬煮1個小時，將鍋中大骨及辛香料撈起。

4、將青江菜用滾水燙鍋殺青。

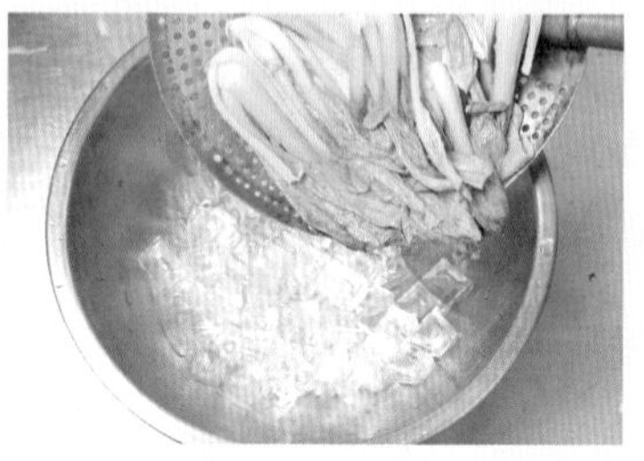

5、撈起，用冷水冷卻。

6、用料理機或菜刀細切。

7、可使用紗布或裏巾。

8、擰乾、脫水成菜乾。

9、加入絞肉及調味料[1]拌勻成菜肉餡。

10、榨菜切絲過水。

11、和蒜末、紅辣椒末拌炒。

12、加入雞粉、白胡椒粉少許調味。

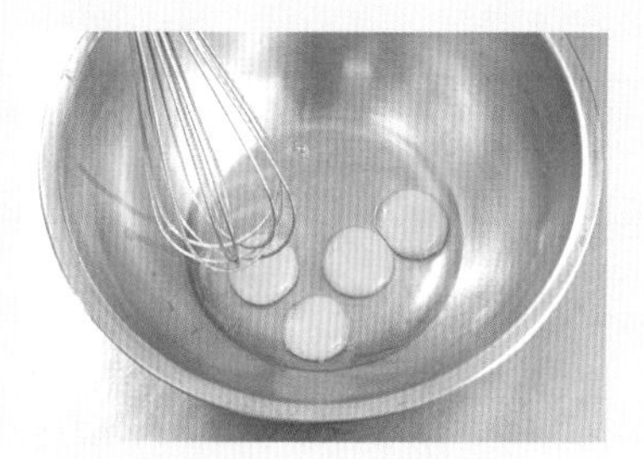

13、雞蛋打散。

14、蛋液過篩，會更滑順。

15、入鍋煎成薄蛋皮。

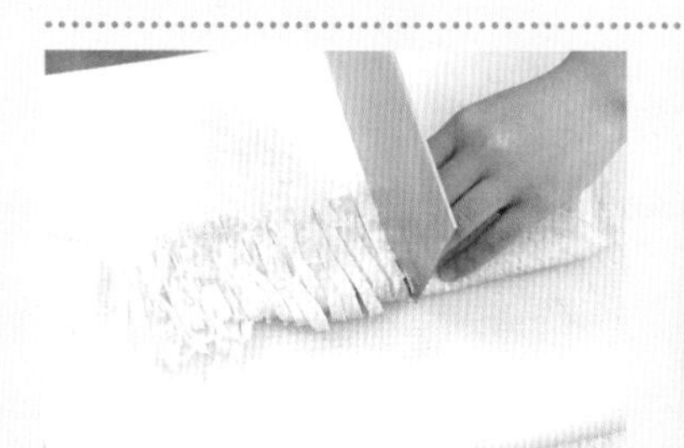

16、蛋皮切絲，小白菜洗淨切段，海苔剪絲，備用。

17、將攪拌好的菜肉餡包入餛飩皮。

18、餛飩皮邊沾水，成長方形。

19、兩邊捏合，摺成三角形帽狀即可。

20、起湯鍋加水，將餛飩煮熟。

21、煮熟餛飩，撈起放置碗中。

22、熬煮後的大骨湯，撈起大骨、雞骨。

23、最後加入調味料[2]及台芹珠。

24、將切段小白菜放入鍋中燙熟。

25、在碗中加入煮好的湯汁，依序擺放蛋皮絲、海苔綠、海苔絲、榨菜絲，以及燙好的小白菜，即完成。

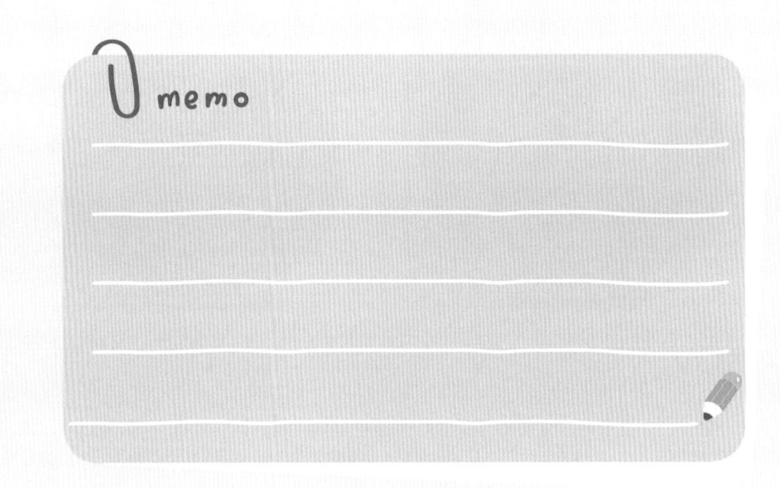

職人延伸 Q&A

1. 餛飩以下列何種方法儲存，既可保持品質，又可延長保存時間？

答

2. 哪一種原料可以增加餛飩皮的韌性？

答

10. 香菇餛飩

小知識分享

餛飩又稱扁食、或廣東地區稱為雲吞，四川地區稱為抄手，可以包各類的餡料於其中，豬肉、蝦肉、蔬菜、蔥、薑構成最基本的餡料。菜肉大餛飩與鮮肉小餛飩曾是上海小吃店的基本選項。

資料來源：https://zh.wikipedia.org/zh-tw

前置作業

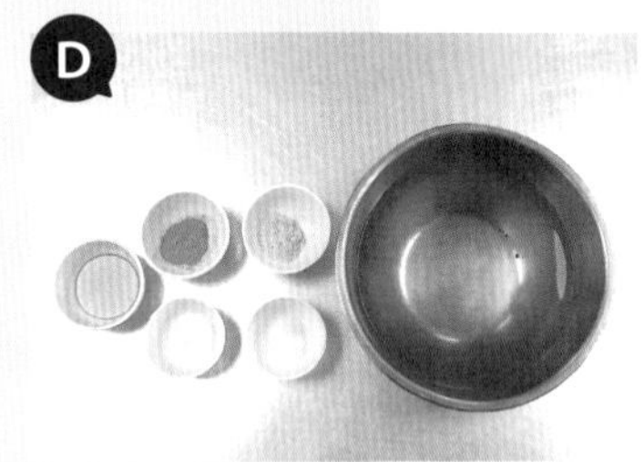

A. 肉餡 & 外皮 & 調味料 [1]

1T=1/2 大匙

絞肉	600g
乾香菇	30g
雞蛋	1 個
鹽	1T
味素	2T
糖	2T
白胡椒粉	2T
中張餛飩皮	2 包

重量單位：公克

B. 湯汁材料

大骨	1 付
雞骨	1 付
青蔥	100g
薑	100g
台式芹菜	80g

重量單位：公克

C. 配料

雞蛋	4 個
小白菜	150g
榨菜絲	20g
海苔	2 張
蒜頭	20g
辣椒	20g

重量單位：公克

D. 調味料 [2]

1T=1 大匙

水	3000g
鹽	1T
味素	2T
糖	2T
白胡椒	2T
香油	2T

重量單位：公克

作法

1. 大骨雞骨汆燙後，加入水、青蔥、薑熬煮 1 小時後，加入調味料 [2] 及台式芹菜末。
2. 乾香菇泡水瀝乾切碎，過油炒香冷卻後，再加入絞肉中，並加入一個蛋黃及調味料 [1] 拌勻成肉餡後備用。
3. 配料中將雞蛋打散，過篩後做成蛋皮；將小白菜切成段狀、海苔切絲；榨菜絲汆燙後與蒜頭加辣椒調味拌炒。
4. 將拌好之肉餡包入餛飩皮中並沾水捏成四角帽狀，再灑上太白粉及可備用。
5. 餛飩分鍋煮撈起放置碗中加湯，再依序加入蛋皮絲、海苔絲、榨菜絲及汆燙過之段狀小白菜，即完成。

製作步驟

1、將大骨、雞骨汆燙過水。

2、起一湯鍋，加入大骨、雞骨、蔥、薑。

3、熬煮1個小時。

4、將鍋中大骨及辛香料撈起。

5、最後加入調味料[2]及台芹珠，備用。

6、乾香菇泡水、瀝乾、切細碎，過油炒香。

7、炒好的香菇冷卻後，加入絞肉，接續加入調味料[1]及1顆雞蛋。

8、攪拌均勻，備用。

9、榨菜切絲過水。

10、和蒜末、紅辣椒末拌炒。

11、加入雞粉、白胡椒粉少許調味。

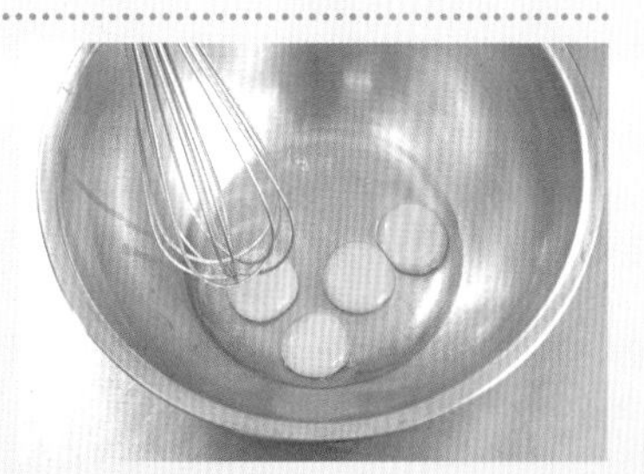

12、雞蛋打散。

13、蛋液過篩，會更滑順。

14、入鍋煎成薄蛋皮。

15、蛋皮切絲，小白菜洗淨切段、海苔剪絲，備用。

16、包入攪拌好的香菇肉餡。

17、餛飩皮斜對角對摺，成三角狀。

18、餛飩皮邊沾水。

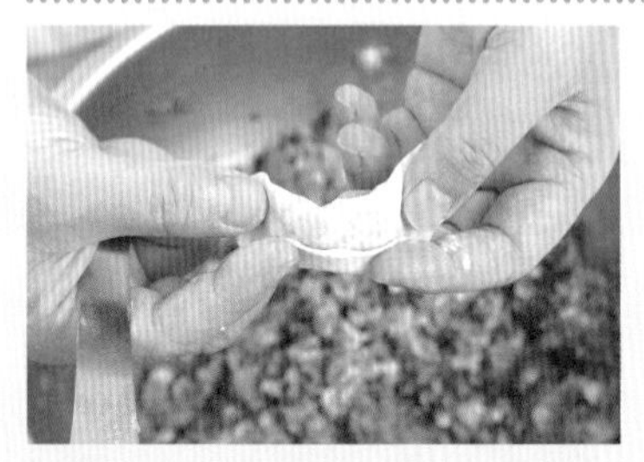

19、對折捲起。

20、兩角折合，成四角形帽狀。

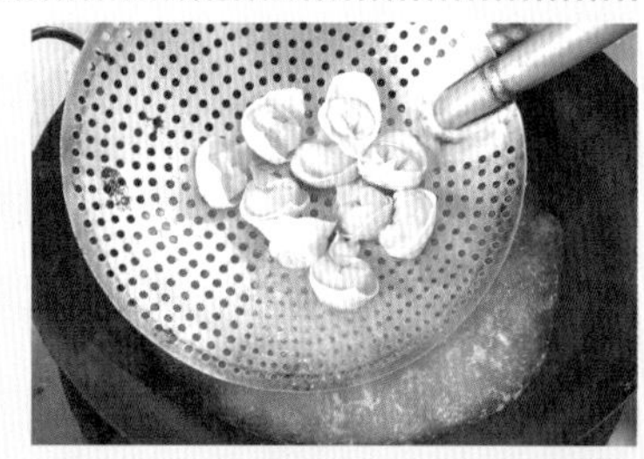

21、起湯鍋加水，將餛飩煮熟，撈起放置碗中。

22、汆燙小白菜。

23、在碗中加入煮好的湯汁，依序擺放蛋皮絲、海苔絲、榨菜絲，以及燙好的小白菜，即完成。

職人延伸 Q&A

1. 調製餛飩時，須調配何種材料粉防止沾黏？

 答

2. 一般市售餛飩皮分類有哪幾種？

 答

11. 北方蔥油餅

小知識分享

魯菜中蔥油餅是北方地區特色小吃的一種，主要用料為麵粉和蔥花，鹹香口味，後流行於福建、山東、東北、河北等地，是街頭與夜市的常見食品。

資料來源：https://kknews.cc/food/o2lkbq5.html

前置作業

A. 麵皮材料

中筋麵粉	600g
鹽	2g
油	10g
溫水 65℃	260g

重量單位：公克

B. 內餡材料

雞蛋	5 個
蔥	200g
豬油	30g

重量單位：公克

C. 調味料

鹽	10g
味素	20g
白胡椒粉	20g

重量單位：公克

作法

1. 將麵粉、醬油、水攪拌均勻，醒麵 20 分鐘備用。
2. 蔥切成蔥花、麵糰擀成長方形，將豬油、調味料、蔥花均勻塗抹上去，最後捲成長條狀，醒麵 10 分鐘後，拉長捲製 80g 麵糰即可。
3. 平底鍋加油，中火，煎至兩面金黃色。

製作步驟

1、將麵粉、鹽、油，放入攪拌缸。

2、加入水，攪拌均勻。

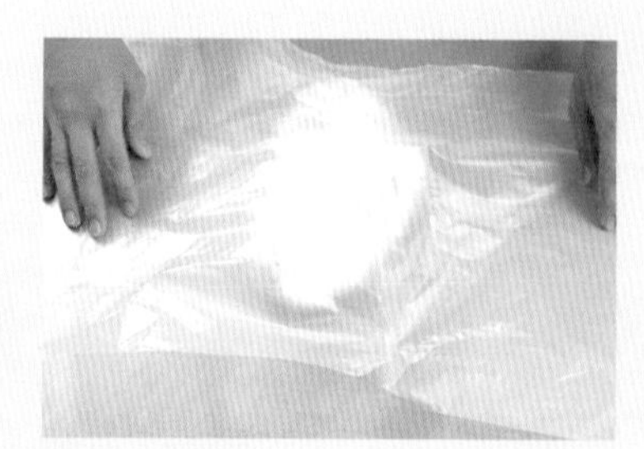

3、醒麵20分鐘，備用。

4、蔥切成蔥花，將麵糰擀成長方形。

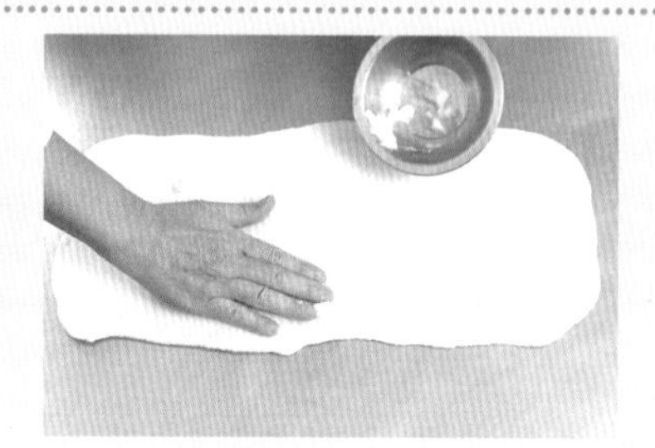

5、塗上豬油。

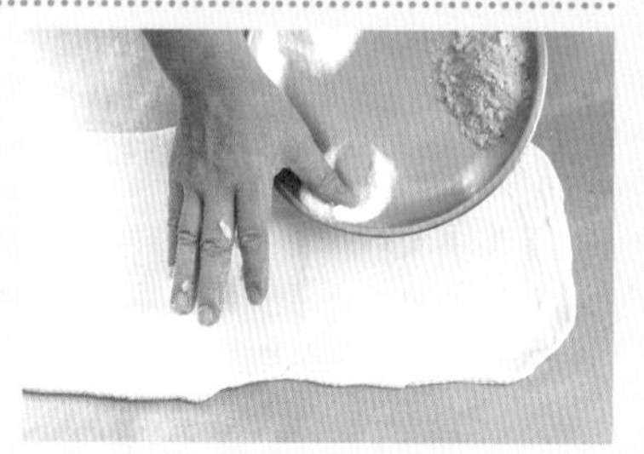

6、將調味料塗抹均勻。

7、撒上蔥花。

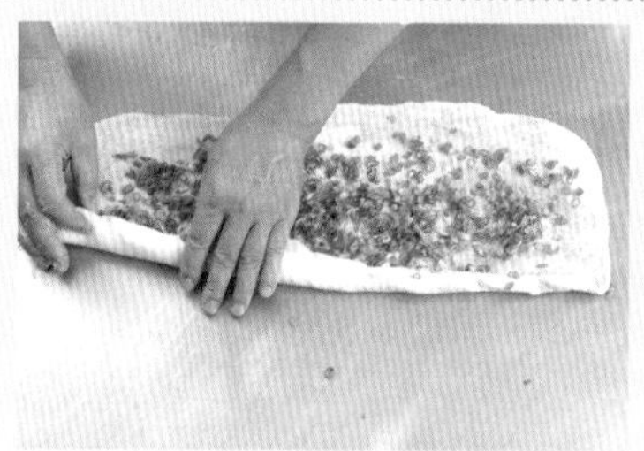

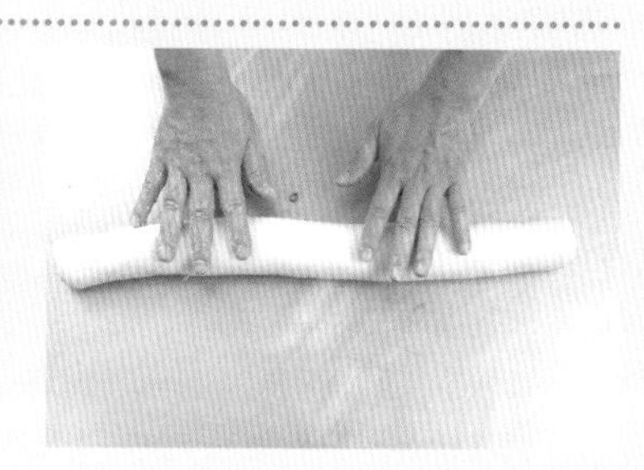

8、捲成長條狀。

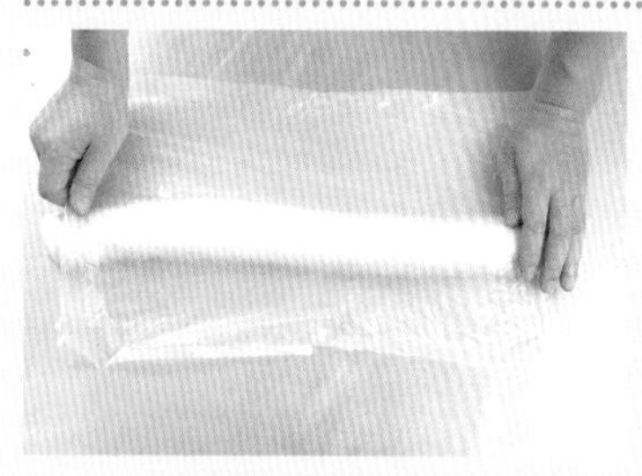

9、醒麵10分鐘。

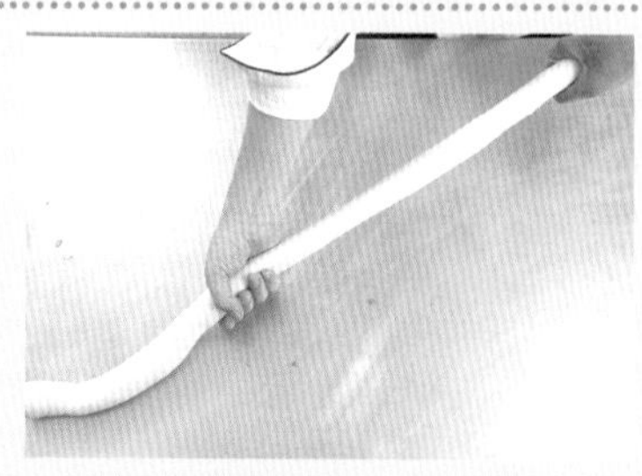

10、將醒好的麵糰，拉長。

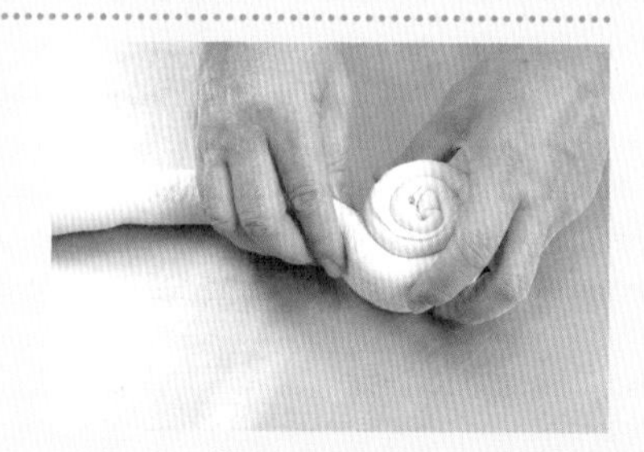

11、將拉長麵糰，捲成螺旋狀。

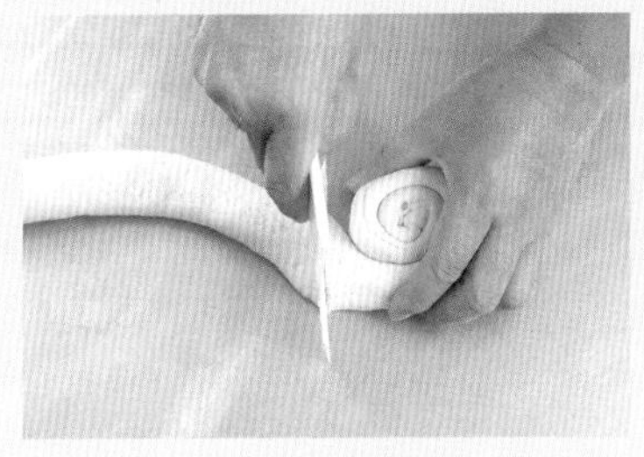

12、切成每個約80公克。

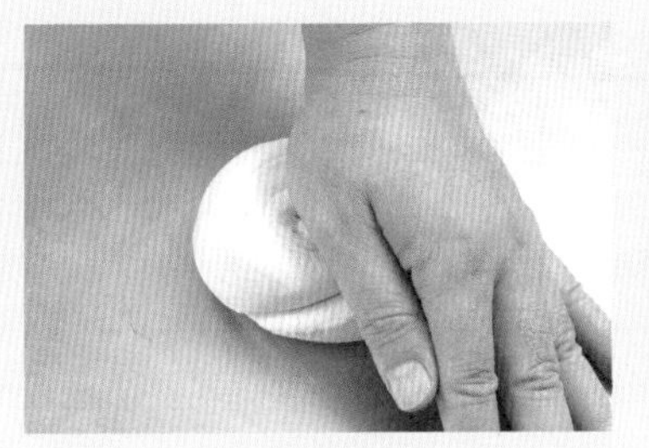

13、將麵糰捲起。

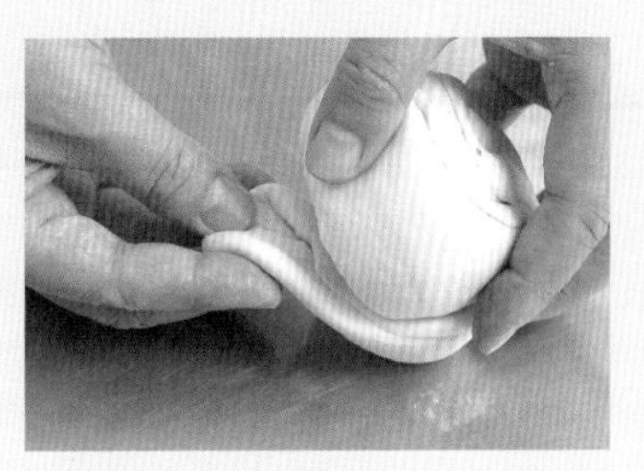

14、成鍋牛狀。

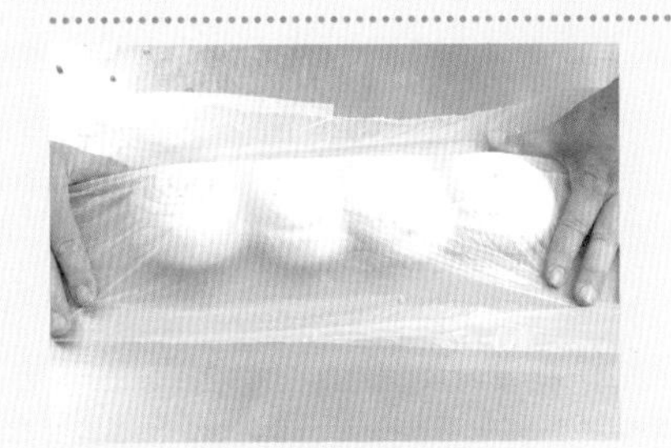

15、蓋上塑膠袋。

16、鬆弛5分鐘，取出。

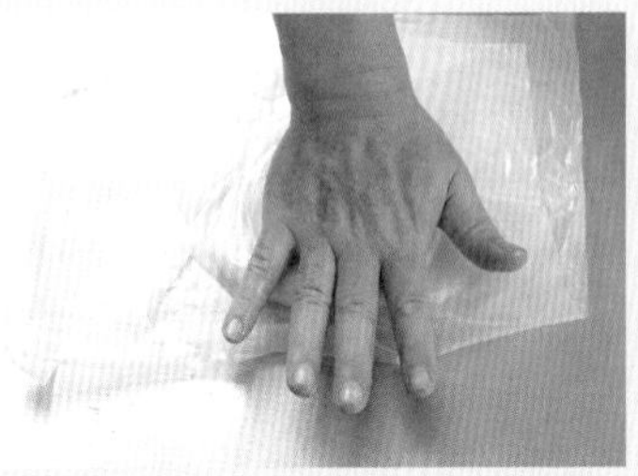

17、利用塑膠袋先輕壓扁。

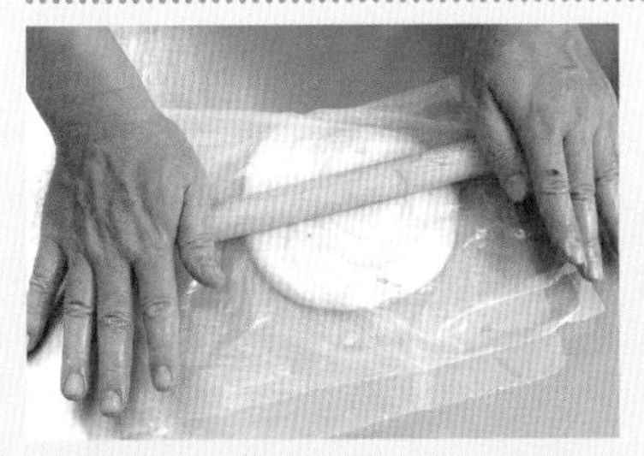

18、再用擀麵棍將麵糰擀成圓形狀。

19、平底鍋加入沙拉油，將擀圓的蔥油餅單面煎製。

20、翻面時加入生雞蛋。

21、煎至兩面金黃色。

22、完成品。

1. 蔥油餅成品應具備何種品質？

答

2. 若想使蔥油餅層次分明，麵皮摺疊時應加入何種材料？

答

12. 芝麻燒餅

小知識分享

燒餅，以發酵麵糰揉入油酥製成餅後撒上芝麻，成形後入烤爐烤製而成，其中還可包入鹹或甜的餡料。原稱「胡餅」，唐朝時已盛行於中原地區。

資料來源：https://www.sunhopeveg.com.tw/

前置作業

A. 麵皮材料

酵母粉 8g	8g
中筋麵粉	600g
橄欖油	50g
水	300g

重量單位：公克

B. 油酥材料

低筋麵粉	180g
沙拉油	100g

重量單位：公克

C. 內餡材料

絞肉	600g
洋蔥	半個
蔥	200g

重量單位：公克

D. 調味料 1T=1/2 大匙

沙茶醬	50g
鹽	1T
味素	2T
糖	2T

重量單位：公克

作法

1. 麵皮材料放入攪拌缸攪拌至光滑均勻，醒麵 30 分鐘。
2. 將油酥中的沙拉油加熱至 100℃，再放入低筋麵粉拌炒至金黃色成半稠狀。
3. 絞肉汆燙過，鍋中加油將洋蔥爆香，加入絞肉、調味料，起鍋前加入蔥段翻炒一下即可。
4. 麵糰分成 80g，12 個麵糰，油酥分割成 23g，12 顆，麵糰包油酥後醒麵 5 分鐘，再擀製成燒餅長方形，最後沾糖水、白芝麻，入烤箱 180/180℃，25 分鐘。

製作步驟

➡ 製作麵皮

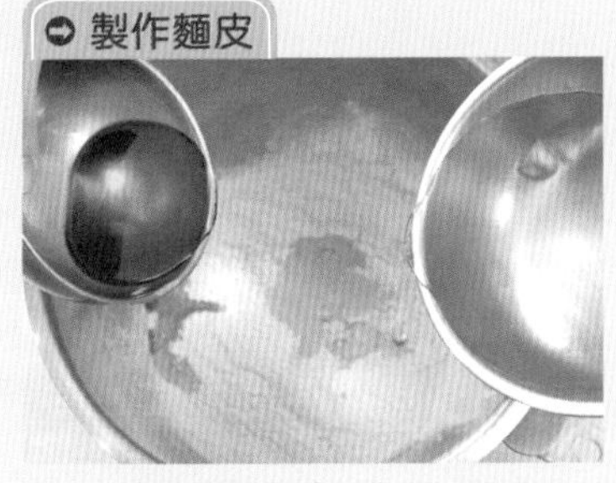

1、麵皮材料放入攪拌缸中。

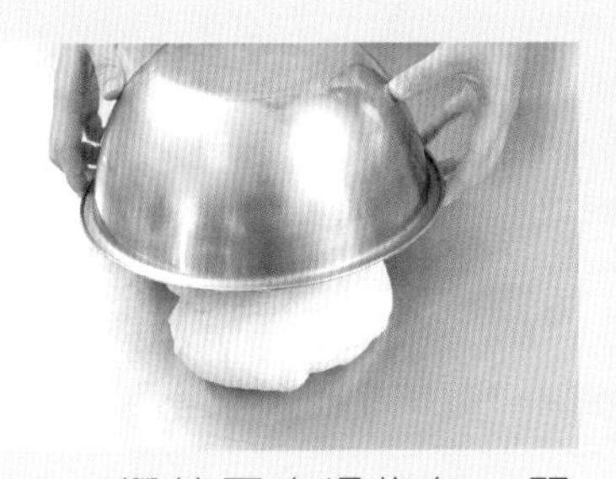

2、攪拌至光滑均勻，醒麵30分鐘。

➡ 製作油酥

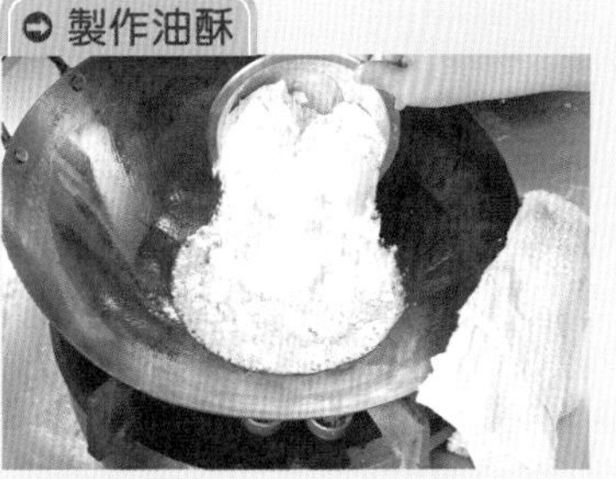

3、將油酥材料中沙拉油放入鍋中加熱至100℃，再放入低筋麵粉。

4、拌炒。

5、炒至金黃色，呈現乾稠狀，備用。

➡ 製作內餡

6、鍋中加油，炒洋蔥爆香。

7、再加入絞肉及調味料。

8、起鍋前再加入蔥段翻炒一下，炒好備用。

➡ 製作餅皮

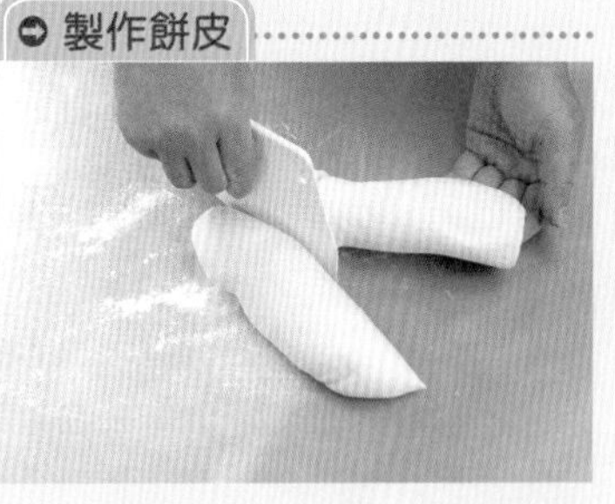

9、醒好的麵糰，切割每個80公克。

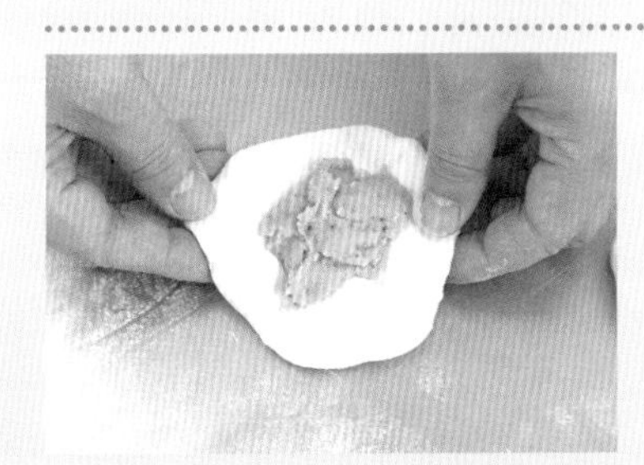

10、油酥分割每個23公克，包入分割好的麵糰。

11、麵糰包油酥。

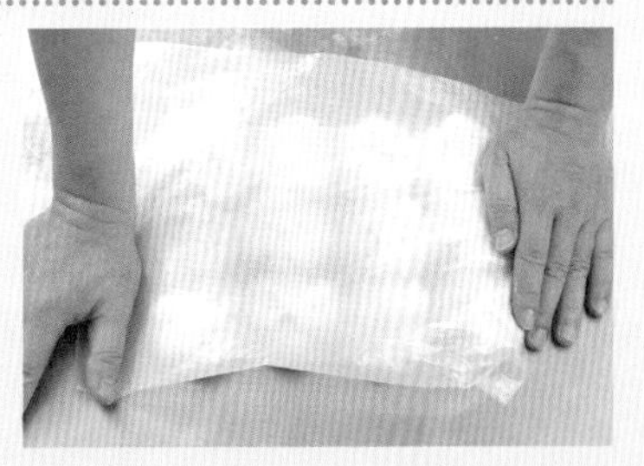

12、再醒麵5分鐘。

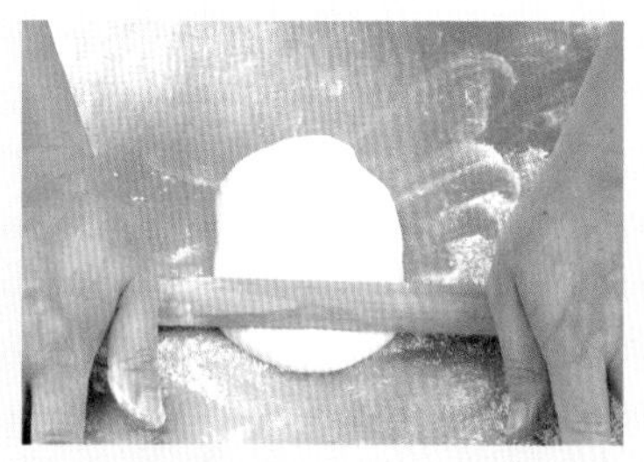

13、醒好的麵糰，待擀製成長方形二次。

14、第一次擀成長方形麵糰後，做三折法。

15、三折法後，轉向背面。

16、第二次再將麵糰擀長。

17、做一次四折法。

18、拉起麵糰兩邊，向中間對折。

19、再對折。

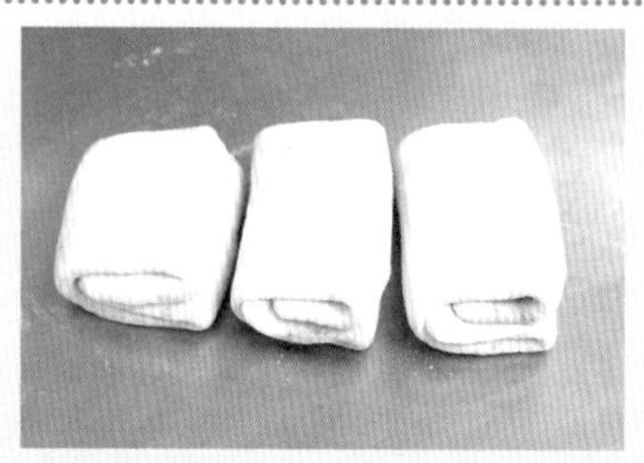

20、鬆弛5分鐘，備用。

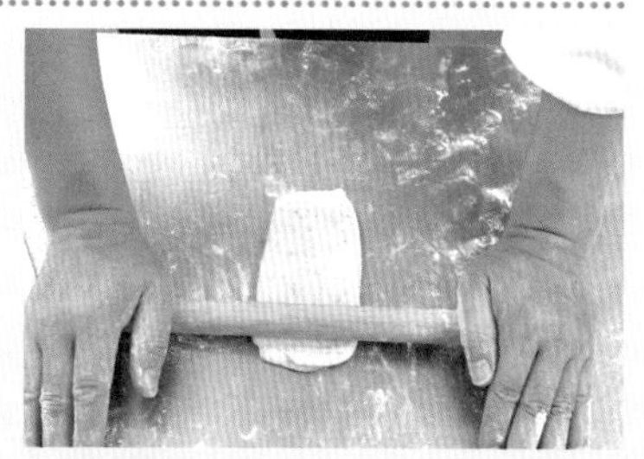

21、將鬆弛好的燒餅擀長。

22、擀寬。

23、切邊。

24、最後沾糖水。

25、沾白芝麻。

26、放入烤箱上火180℃／下火180℃，烤焙25分鐘。

27、將燒餅取出，從折縫口撥開，放入炒好內餡，即完成。

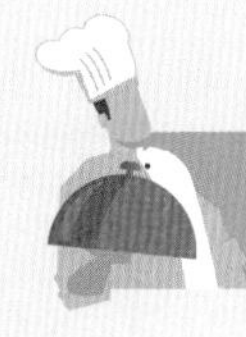

職人延伸 Q&A

1. 芝麻燒餅油酥最佳的品質標準比例為多少？

 答

2. 請問油皮油酥包合後是運用何種手法擀折？

 答

13. 太陽餅

小知識分享

太陽餅是一種甜餡薄餅，一般內餡是麥芽糖，源起於臺中市神岡區社口一帶林家崑派的麥芽餅，是臺灣臺中市的點心，為中臺灣的名產之一。

資料來源：https://zh.wikipedia.org/wik

前置作業

A

B

C

A. 油皮材料

中筋麵粉	310g
糖粉	35g
豬油	135g
水	155g
低筋麵粉	35g

重量單位：公克

B. 油酥材料

低筋麵粉	230g
豬油	105g

重量單位：公克

C. 內餡材料

糖粉	180g
麥芽糖	40g
奶油	40g
水	12g
低筋麵粉	55g

重量單位：公克

＊麥芽糖已加入低筋麵粉中混和均勻，以減少耗損。

作法

1. 油皮材料放入攪拌缸攪拌至光滑均勻後切割每個 32g。
2. 油酥拌勻每個切割 16g。
3. 油皮包酥皮做二次擀捲。
4. 內餡材料的低筋麵粉、糖粉過篩再將全部材料混和，拌勻切割每個 16g。
5. 擀圓包入內餡，入烤箱上火 160℃／下火 160℃，先烤 15 分鐘，上火 180℃ / 下火 160℃，續烤 15 分鐘，即完成。

製作步驟

製作油皮

1、油皮材料放入攪拌缸中。

2、攪拌至光滑均勻。

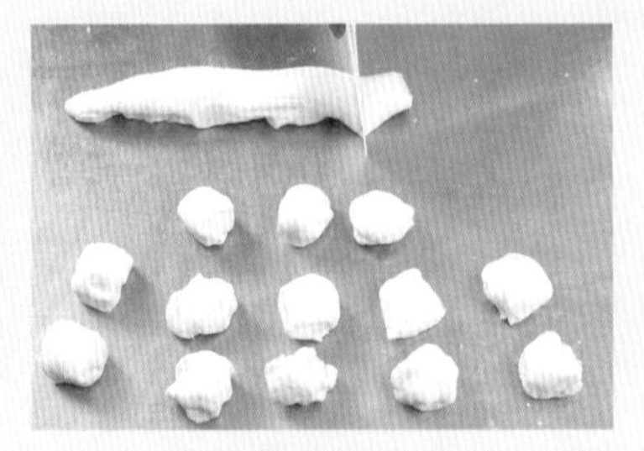

3、切割每個32公克，備用。

製作油酥

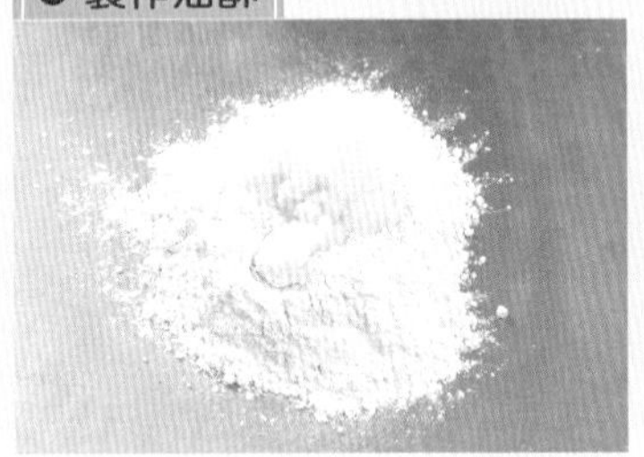

4、油酥材料的低筋麵粉過篩，與豬油混和。

5、攪拌均勻。

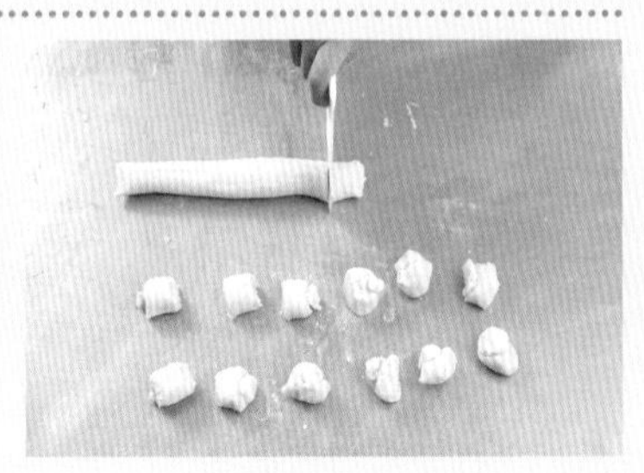

6、切割每個16公克，備用。

製作內餡

7、將內餡材料的低筋麵粉、糖粉過篩，與其他材料全部混和。

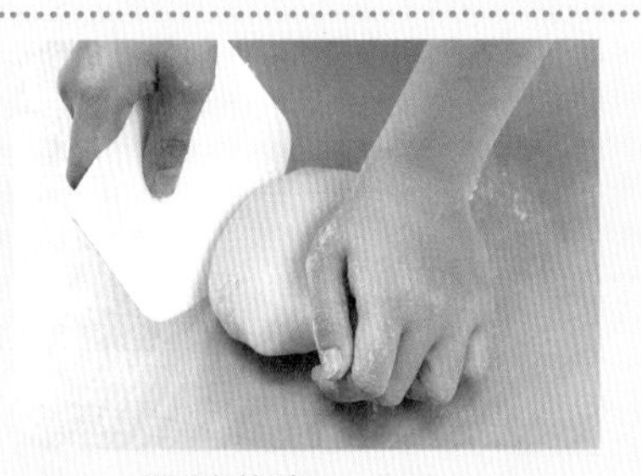

8、攪拌均勻。

9、切割每16公克，備用。

製作餅皮

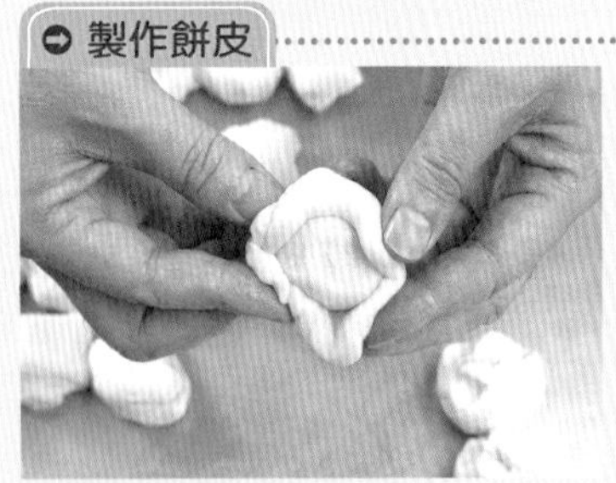

10、油皮包油酥。

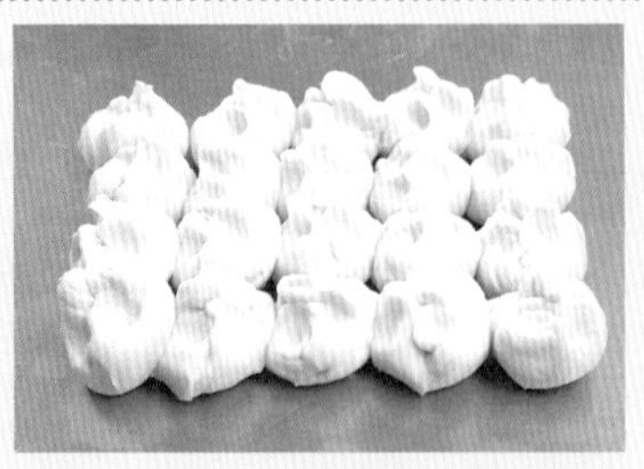

11、做成小包酥，擀捲2次（做法如步驟12、13）。

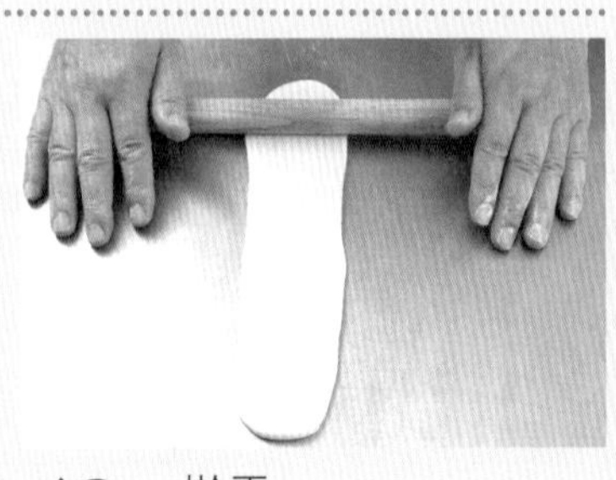

12、擀平。

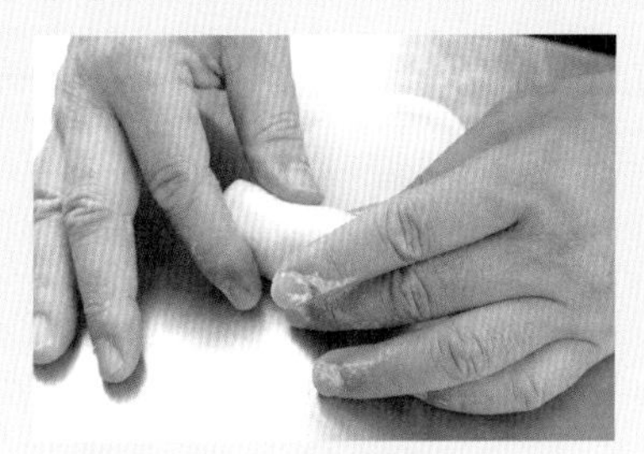

13、從下往下捲起。

14、擀捲2次後，醒麵3-5分鐘。

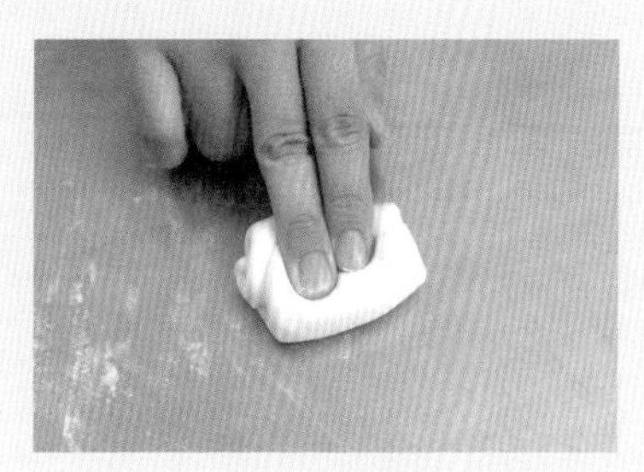

15、將擀好麵糰，用食指往中間下壓。

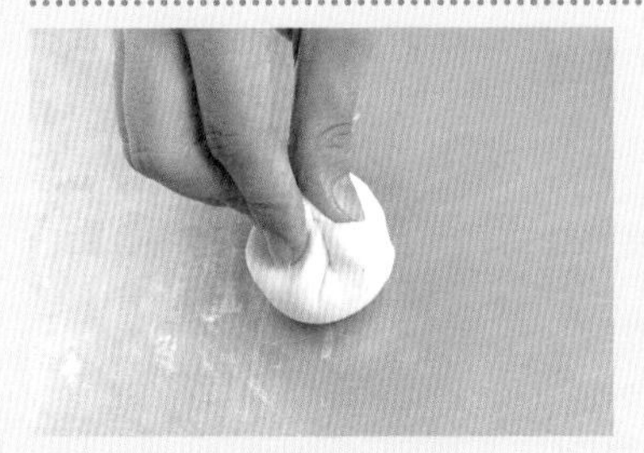

16、將四邊角抓起。

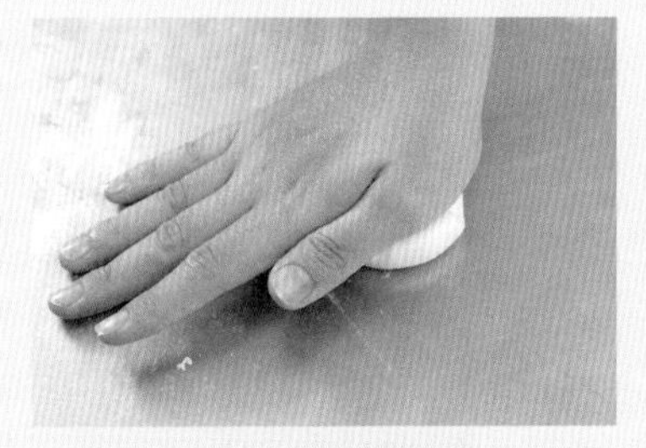

17、用手掌輕壓平。

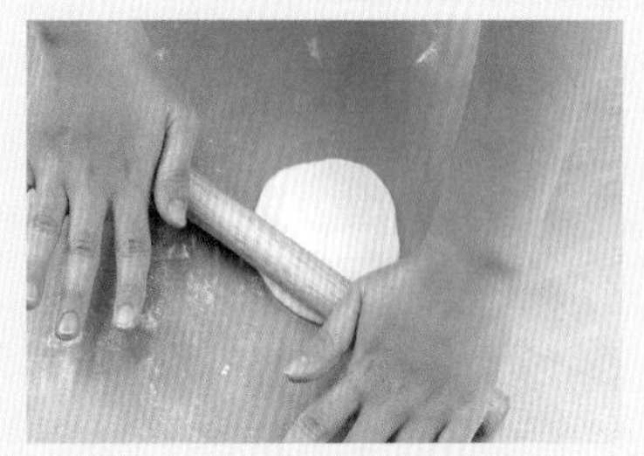

18、用擀麵棍擀成圓形。

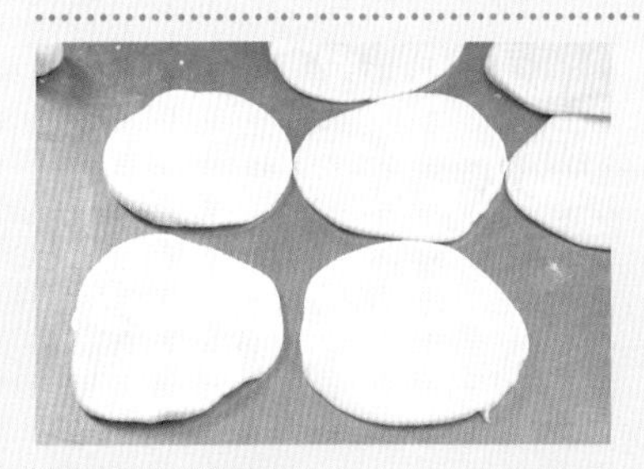

19、擀圓。

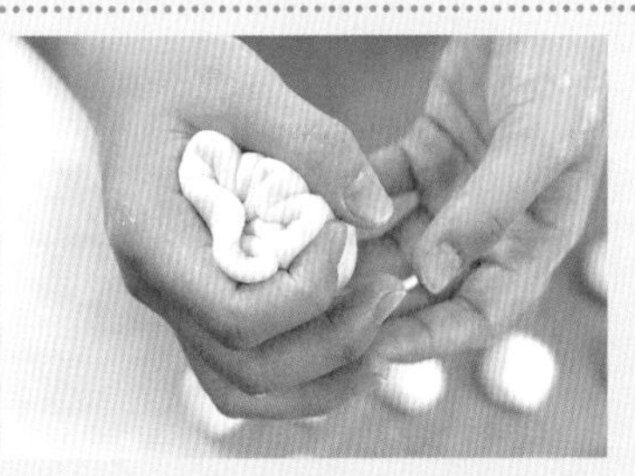

20、包入內餡，將開口捏合。

21、用手掌虎口整形。

22、捏成圓型狀。

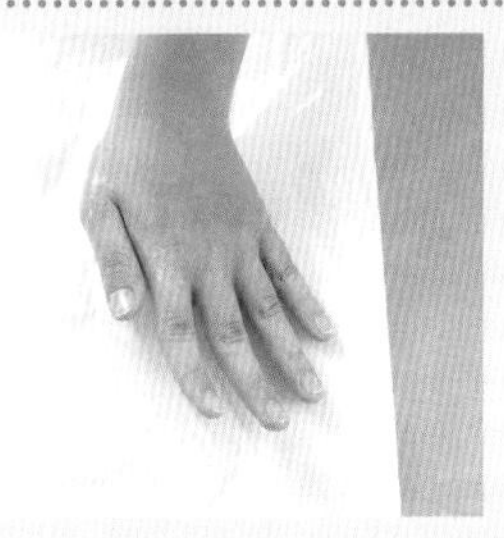

23、塑膠袋蓋上，用手掌輕壓。

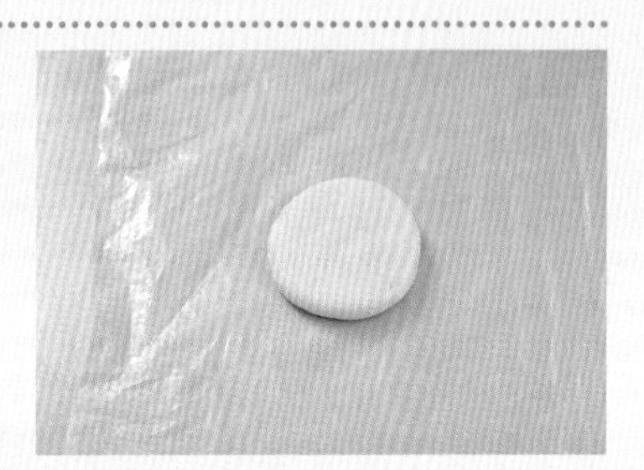

24、成形。

25、入烤箱，第一次烤焙上下火160℃，烤15分鐘，後再將烤箱調整，上火180℃/下火160℃，續烤15分鐘。

26、完成品。

職人延伸 Q&A

1. 太陽餅油皮油酥比例為何？可否增加皮酥比例？

 答

2. 用什麼方法可以正確的防止太陽餅烤焙時爆餡？

 答

14. 椪餅

小知識分享

椪餅，又稱細餅、酥餅、麥芽膏餅，作法屬於層酥類水油皮：以麵粉摻和豬油，餅皮多層酥鬆，內餡佐以麥芽糖軟香甜潤。

資料來源：https://www.newsmarket.com.tw/maq/3080

前置作業

A

B

C

A. 油皮材料

中筋麵粉	530g
細砂糖	110g
豬油	210g
水	250g

重量單位：公克

B. 油酥材料

低筋麵粉	390g
豬油	165g

重量單位：公克

C. 內餡材料

糖粉	270g
低筋麵粉	225g
銨粉	2.5g
水	80g

重量單位：公克

作法

1. 油皮材料放入攪拌缸攪拌至光滑均勻，分割每個 50g。
2. 油酥材料混和拌勻，分割每個 25g。
3. 內餡材料糖粉、低筋麵過篩再全部混和拌勻，每個分割 25g。
4. 油皮包油酥做一次擀捲後醒麵 8 分鐘，再做第二次擀捲再鬆弛 5 分鐘，擀圓包入內餡放入烤醬，鬆弛 5 分鐘入烤箱，上火 200℃／下火 200℃，烤 30 分鐘，即完成。

製作步驟

製作油皮

1、油皮材料放入攪拌缸中攪拌至光滑均勻，切割每個50公克，備用。

製作油酥

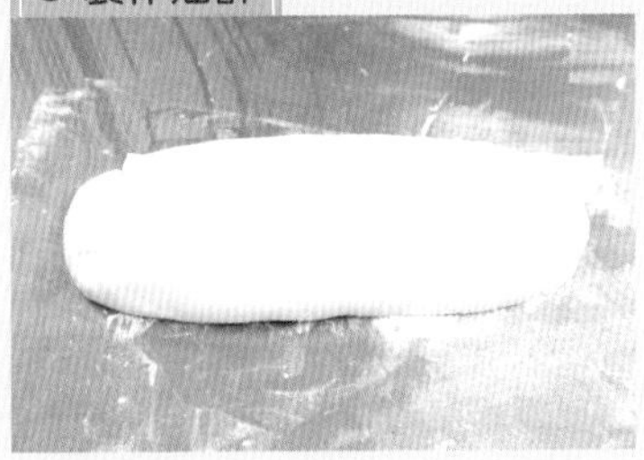

2、油酥材料低筋麵粉過篩，放入鋼盆中拌勻，切割每個25公克，備用。

製作內餡

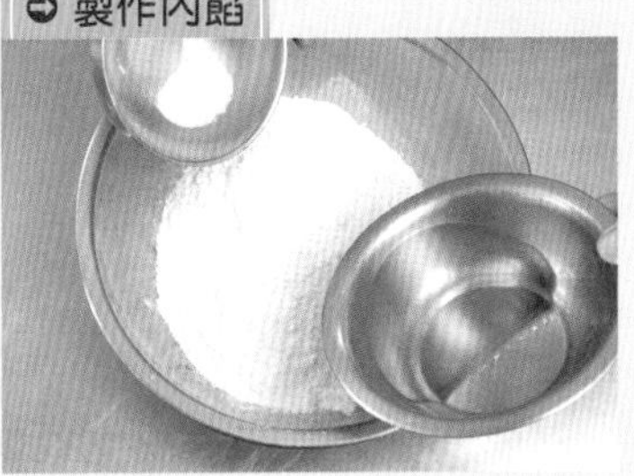

3、將內餡材料低筋麵粉過篩，再全部混和拌勻。

4、切割每個25公克，備用。

製作餅皮

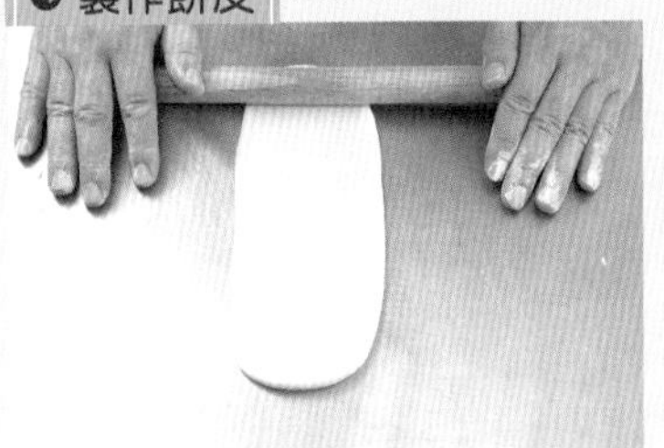

5、油皮包油酥做第一次擀捲。

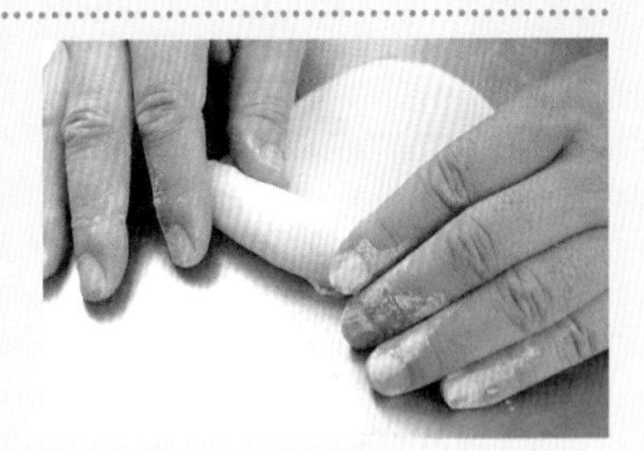

6、捲起。

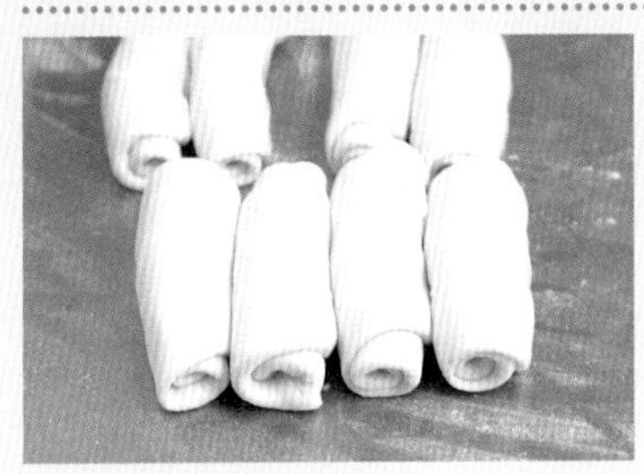

7、醒麵8分鐘。

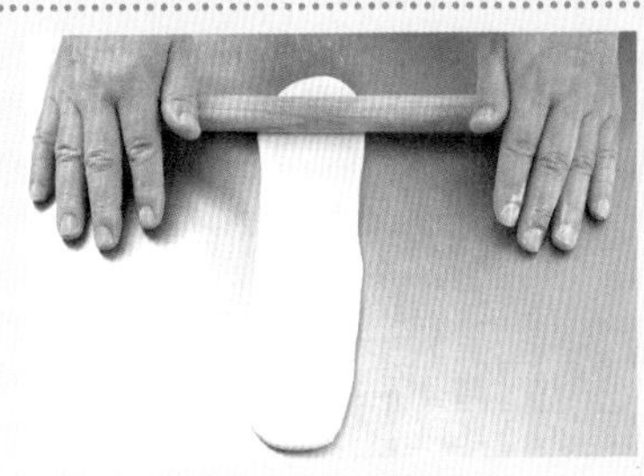

8、做第二次擀捲。

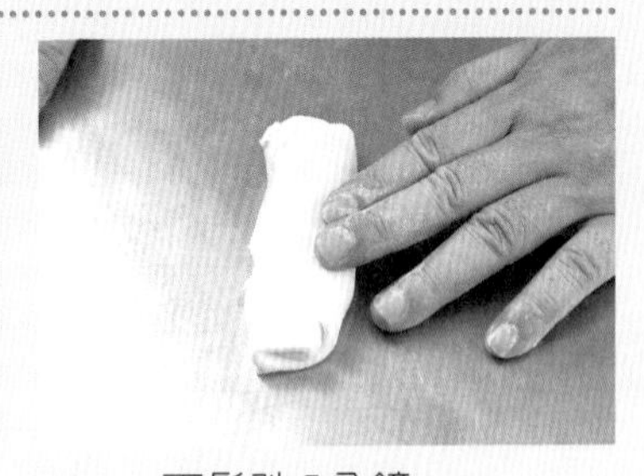

9、再鬆弛5分鐘。

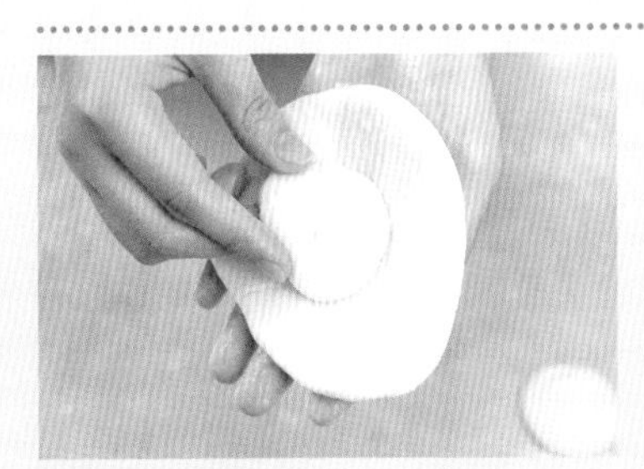

10、擀圓包入內餡。

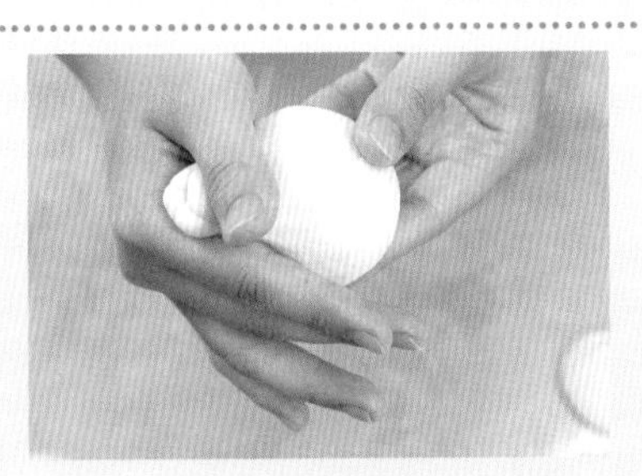

11、將多餘的麵皮捏起。

12、將捏起的一小麵皮，輕壓回麵糰整形。

13、入烤箱，上火200℃／下火200℃，烤焙30分鐘。

14、完成品。

職人延伸 Q&A

1. 影響椪餅產品膨大的原因有哪些？

答

2. 哪些是造成椪餅露餡或爆餡的原因？

答

15. 豆沙／鮪魚鍋餅

小知識分享

鍋餅是餡餅之一種，在中國各省之稱呼略有不同，有煎餅、鍋餅。
原則是小麥製品再包入蘿蔔絲、紅豆、綠豆等各種餡料。

前置作業

A. 麵糊材料

中筋麵粉	200g
水	300g
全蛋	3 個
蛋黃	1 個

重量單位：公克

B. 內餡材料

鮪魚罐頭	1 罐
有油豆沙	300g

重量單位：公克

作法

1. 將麵糊材料拌均過篩，備用。
2. 塑膠袋切開放入 50 公克豆沙或適量鮪魚餡，壓平形成長方形，備用。
3. 炒鍋淋上少許沙拉油，鍋面需均勻塗抹，將鍋放回爐台平均受熱後，加入調製好的麵糊轉鍋形成麵皮。
4. 將內餡放入麵皮中摺合，每個摺合面需新沾麵糊沾黏。
5. 油鍋加熱大火炸至金黃色即可。

製作步驟

製作內餡

1、塑膠袋切開，放入50公克豆沙。

2、壓平。

3、壓成長方形備用。

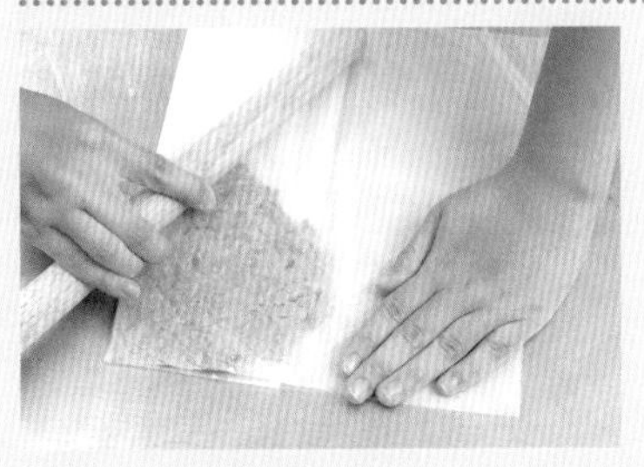

4、塑膠袋切開，放入適量鮪魚餡。

5、用擀麵棍壓平。

6、形成長方形備用。

製作餅皮

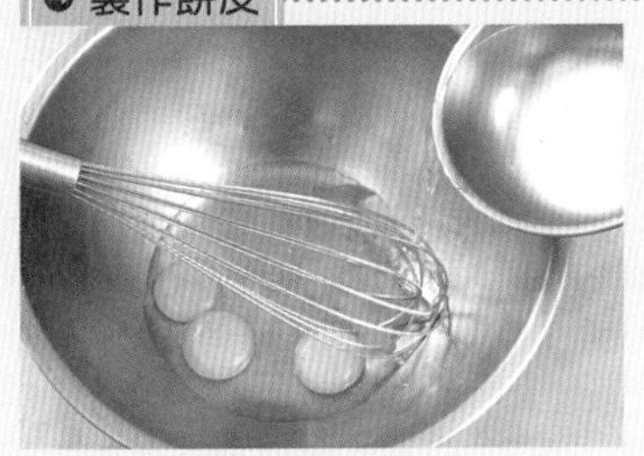

7、加入蛋及水。

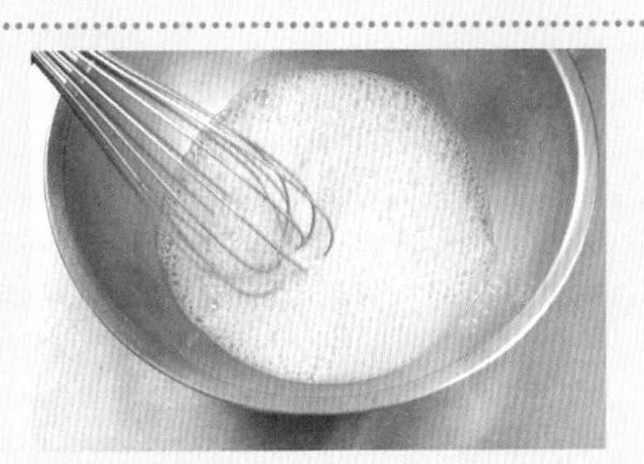

8、攪拌均勻。

9、將麵粉加入，麵糊攪拌均勻。

10、過篩備用。

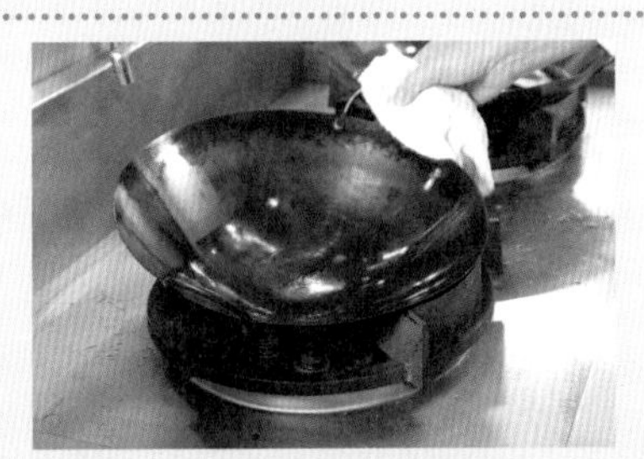

11、炒鍋淋上少許沙拉油，鍋面需均勻塗抹。

12、將炒鍋放回爐台，平均受熱後，加入調製好的麵糊。

13、做轉鍋的動作。

14、形成麵皮。

15、將豆沙餡放入麵皮中。

16、摺合。

17、油鍋加熱大火。

18、炸至金黃色。

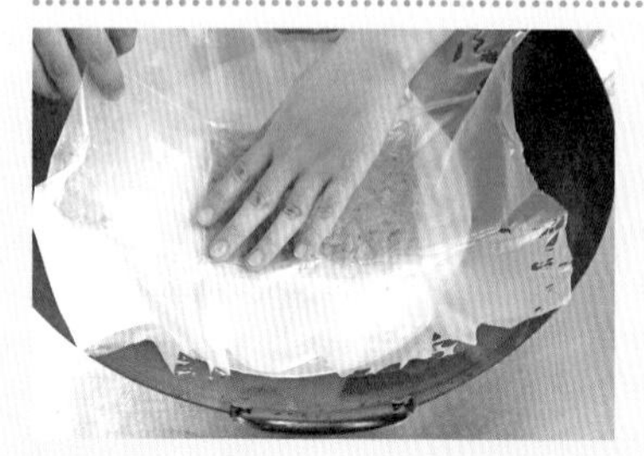

19、另外，從步驟11開始煎餅皮，再放入鮪魚餡。

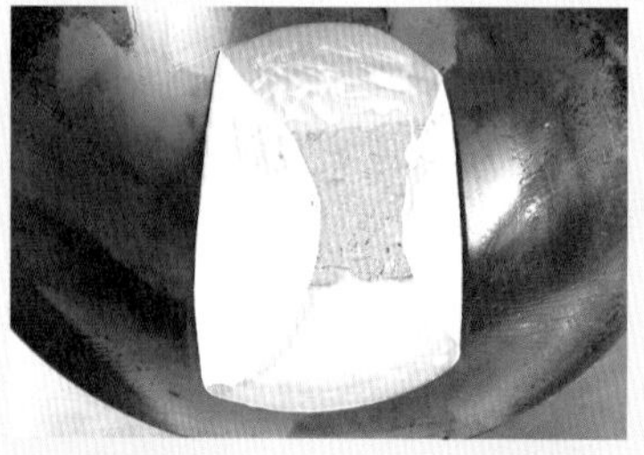

20、每次摺合面，需新沾麵糊做沾黏。

21、油鍋加熱大火。

22、炸至金黃色。

23、豆沙、鮪魚口味的完成品。

1. 煎製鍋餅的油溫，應設在幾度？

 答

2. 除了鮪魚口味，可加幾項你認為適合的餡料？

 答

16. 牛肉餡餅

小知識分享

起源於公元前 2000 年古埃及的餡餅，從古希臘後傳到古羅馬，當時有乳酪餡餅和蜂蜜餡餅；餡餅流傳到英國時，肉餡餅成為主流。

資料來源：https://www.jendow.com.tw/wiki/

前置作業

A

B C

A. 麵皮材料

中筋麵粉	600g
熱水	210g
冷水	150g
油	10g
鹽	3g

重量單位：公克

B. 內餡材料

鮮牛肉	300g
白表碎（肥油）	300g
洋蔥	1/2 個
韭黃	100g
豆薯	100g

重量單位：公克

C. 調味料 1T=1/2 大匙

鹽	1/2T 1T
味素	1/2T 2T
糖	1/2T 2T
醬油膏	20g
香油	30g
白胡椒粉	5g

重量單位：公克

＊請注意，冷熱水需分開準備，材料圖僅為示意圖。

作法

1. 麵粉加入油、鹽、熱水，先行拌匀後加入冷水，揉至光滑均匀（俗稱半燙麵、半水麵）備用。
2. 洋蔥、韭黃、豆薯切碎備用加入牛肉、白表碎（肥油），調味料拌匀放入，冷藏 1 小時，備用。
3. 將麵糰切割成 60g 小麵糰後，包入肉餡捏成圓形狀。
4. 平底鍋加入沙拉油，再將包好的餡餅依序放入，重複翻面 3~4 次至餅為金黃色膨脹，即完成。

製作步驟

1、將洋蔥、韭黃、豆薯、白表碎切碎，加入牛絞肉及調味料。

2、攪拌均勻，放入冷藏備用。

3、麵粉中加入鹽、油、熱水。

4、先攪拌均勻。

5、加入冷水攪拌至光滑均勻（俗稱半燙麵、半冷水麵）備用。

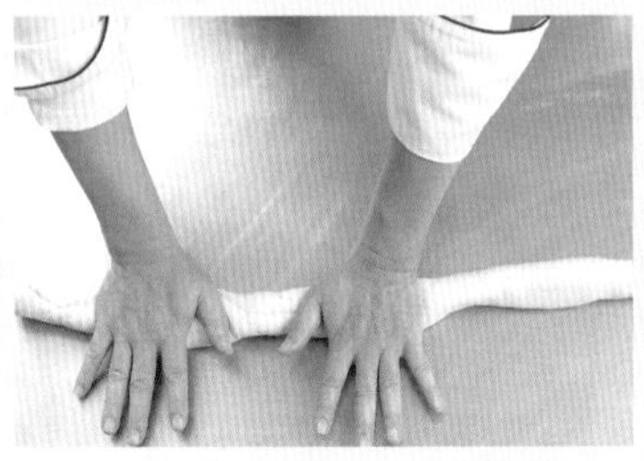

6、將麵糰整成長條形。

7、切分60公克小麵糰。

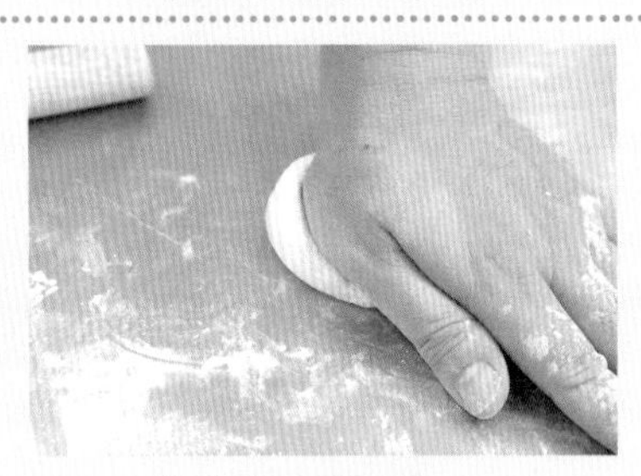

8、將小麵糰壓扁。

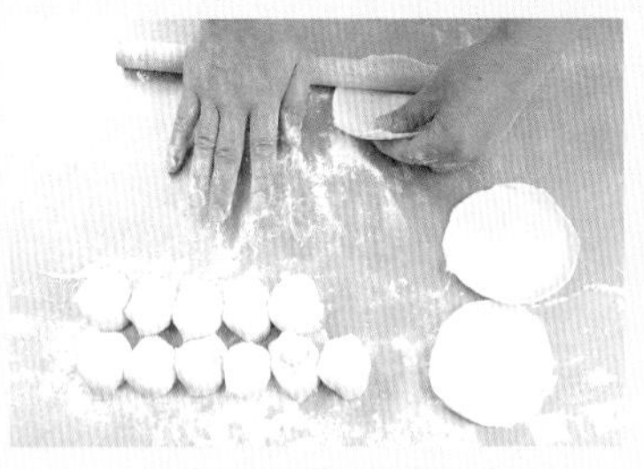

9、用擀麵棍擀成圓形。

10、包入牛肉餡。

11、包成圓形狀。

12、平底鍋加入沙拉油，再將包好餡餅。依序放入鍋中。重複翻面4~5次，煎至膨脹金黃色。

13、完成品。

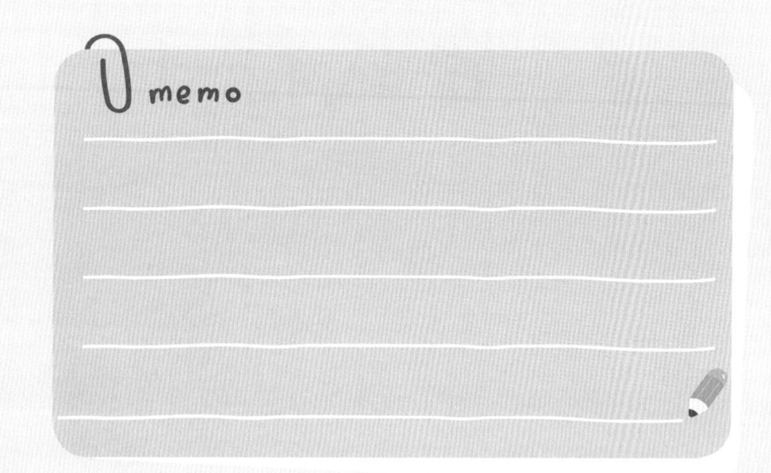

職人延伸 Q&A

1. 調製牛肉餡餅之內餡，為何須加入肥油？

答

2. 煎餡餅時油溫應設定幾度？

答

17. 台式粽子

小知識分享

粽子可分為肉粽、素粽、鹼粽、甜粽及客家人的粄粽，主要為米製品。鹼粽置入鹼所以呈半透明之棕黃色，可沾糖吃。

前置作業

A. 材料

尖糯米	1000g
五花肉	600g
紅蔥頭	80g
菜脯	80g
乾香菇	30g
開陽	30g
鹹蛋黃	15 個
熟花生	200g
粽葉	1 包
栗子罐頭	半罐
棉繩	20 條

重量單位：公克

＊酒為增加風味，依個人喜好，可加可不加。

B. 調味料 [1]

1T=1 大匙

調味料	份量
味素	2T
糖	2T
酒	20g
五香粉	2T
胡椒粉	2T
醬油	50g

重量單位：公克

C. 調味料 [2]

1T=1/2 大匙

調味料	份量
鹽	1T
味素	2T
糖	2T
醬油	30g
香油	20g
酒	10g
五香粉	1T
白胡椒粉	2T

重量單位：公克

作法

1. 先將粽葉煮過洗淨晾乾，備用。
2. 五花肉切成細條狀，菜脯及開陽泡水後瀝乾待用，香菇泡水後切成條狀，紅蔥頭切片，備用。
3. 起油鍋將五花肉、菜脯、開陽、香菇、栗子分別炸至金黃色備用。
4. 炒鍋裡加少許油將紅蔥頭爆香後加入作法 3 之材料翻炒，再加入調味料 [2] 拌勻即可。
5. 尖糯米洗淨後需泡水 3 小時以上後，瀝乾後加入調味料 [1]，備用。
6. 將粽葉 2 片折成斗狀，先鋪底米再加肉餡等料，鋪上上米包成粽子形狀，再置入鍋水中煮 1 小時後撈起，即完成。

製作步驟

1、將粽葉煮過，洗淨備用。

2、五花肉切成長條狀，開陽、菜脯泡水瀝乾，香菇泡水瀝乾，切成成條狀，紅蔥頭切片，備用。

3、起油炸鍋。

4、將五花肉炸至金黃色。

5、將菜脯、開陽、香菇、栗子，分別炸至金黃色。

6、鍋中加少許油，將紅蔥頭爆香。

7、加入炸好的材料。

8、加入調味料[2]，拌炒。

9、起鍋。

10、尖糯米泡水3小時以上，瀝乾加入熟花生及調味料[1]。

11、攪拌均勻。

12、使用2片粽葉，交錯疊在一起。

13、摺成斗狀

14、先鋪上一層米打底。

15、再依序加入餡料。

16、最後再鋪上一層米覆蓋。

17、將粽葉從上往下蓋住。

18、摺合包起。

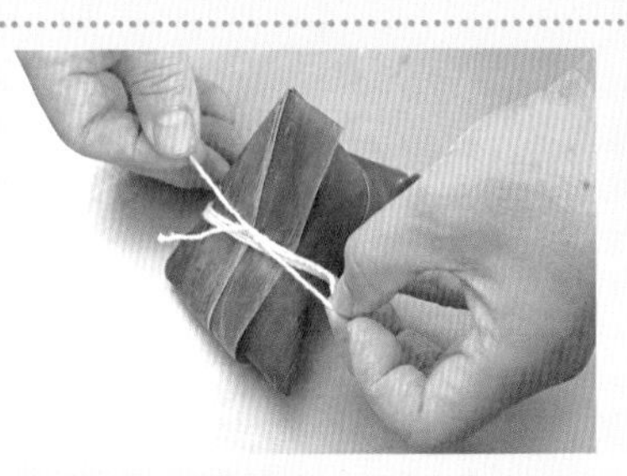

19、用棉繩綁起來。

20、鬆緊適中，避免米飯散開。

21、放入鍋水。

22、煮1小時。

23、完成品。

職人延伸 Q&A

1. 包粽子的糯米須泡水幾個小時？

答

2. 包粽子時粽葉如何處理較佳？

答

18. 韭菜盒子

小知識分享

韭菜是石蒜科蔥屬的多年生草本植物，又稱起陽子。韭菜自古傳統歸類為葷食。道教及佛教其宗教信仰要求素食者不食用韭菜。

前置作業

A. 麵皮材料

中筋麵粉	600g
冷水	150g
熱水	210g
鹽	3g
油	10g

重量單位：公克

B. 配料 & 調味料

1T=1/2 大匙

韭菜	150g
開陽	25g
薑	15g
五香豆乾	100g
冬粉	1 把
絞肉	600g
鹽	1T
味素	2T
糖	2T
醬油膏	20g
香油	30g
白胡椒粉	10g

重量單位：公克

作法

1. 麵粉加入油、鹽、熱水，先行拌勻後加入冷水，揉至光滑均勻（俗稱半燙麵、半水麵）備用。
2. 開陽泡水後瀝乾、冬粉泡水後切碎；薑、豆乾切碎，將以上材料加入絞肉後加調味料拌勻，置於冷藏 1 小時備用。
3. 麵糰切割 50g 擀圓，包入餡料並捏成半滾邊折形備用。
4. 平底鍋中加油，餅依序放入，並以小火煎置，重複翻面 3~4 次煎至金黃色，即完成。

製作步驟

1、開陽泡水瀝乾、韭菜切碎、冬粉泡水切碎、薑切末、豆乾切小丁，將以上材料加入絞肉及調味料。

2、攪拌均勻，放入冷藏備用。

3、麵粉加入油、鹽、熱水。

4、先行攪拌。

5、加入冷水攪拌光滑均勻（俗稱半燙麵、半冷水麵）備用。

6、麵糰切割。

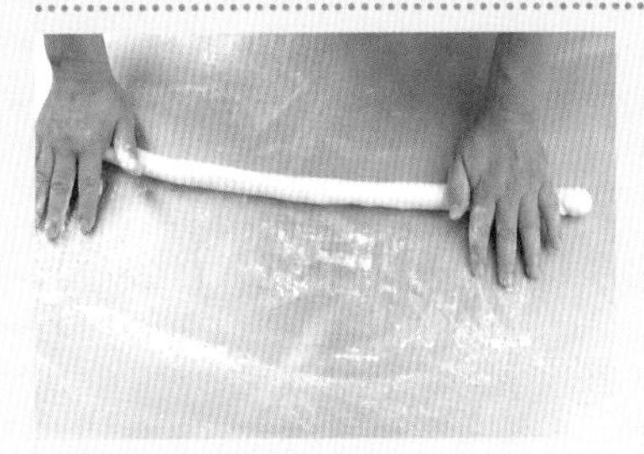

7、整成長條形。

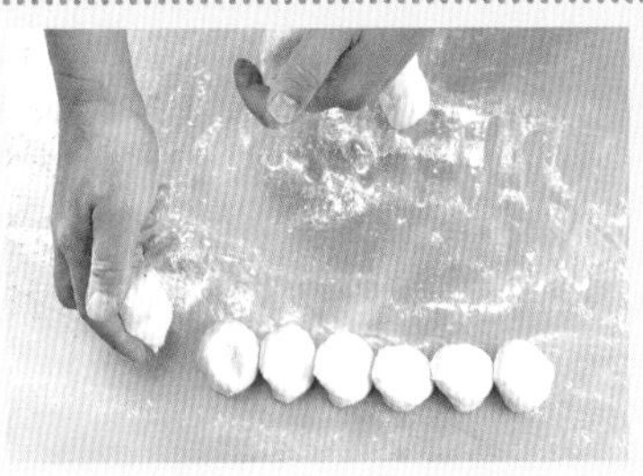

8、分成一小塊麵糰，每個50公克。

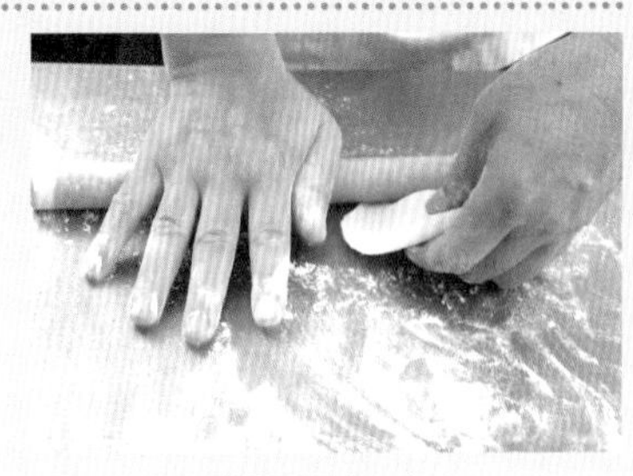

9、擀成圓形麵皮。

10、包入內餡。

11、捏合成邊紋。

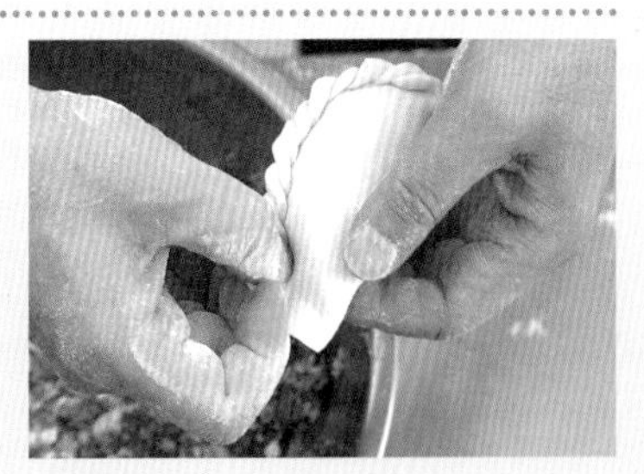

12、滾邊成半月形。

13、包好成品如圖。

14、平底鍋加油，熱鍋，依序放入，用小火炸。

15、重複翻面3~4次，膨脹成金黃色。

16、完成品。

職人延伸 Q&A

1. 如果因技術問題無法捏成滾邊形狀，是否有哪些方法可完成？

答

2. 韭菜盒須注意油溫幾度？熟成時間為何？

答

19. 蔥花捲

小知識分享

蔥花捲為花捲麵粉其中置入青蔥而成的製品，蔥別名青蔥、大蔥、葉蔥、胡蔥、冬蔥、漢蔥、木蔥、蔥仔、菜伯、水蔥，為多年生草本植物。

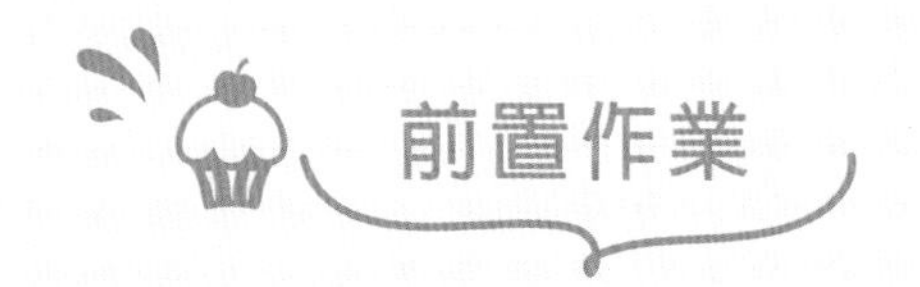

前置作業

A. 麵皮材料

中筋麵粉	1000g
酵母粉	12g
泡打粉	10g
細砂糖	100g
水	510g
白油	8g

重量單位：公克

B. 配料

青蔥	200g
豬油	150g

重量單位：公克

C. 調味料

鹽	8g
味素	20g
白胡椒粉	20g

重量單位：公克

作法

1. 麵皮材料放入攪拌缸中，攪拌至光滑均勻，再擀成長方形。
2. 青蔥切成蔥花，豬油均勻鋪上麵皮，最後灑上調味料、蔥花後，對折成長方形。
3. 用菜刀在麵皮上切割成三條長條狀，再用竹筷子翻捲成花狀，醒麵 15~20 分鐘，大火蒸製 15 分，即完成。

製作步驟

1、麵皮材料放入攪拌缸。

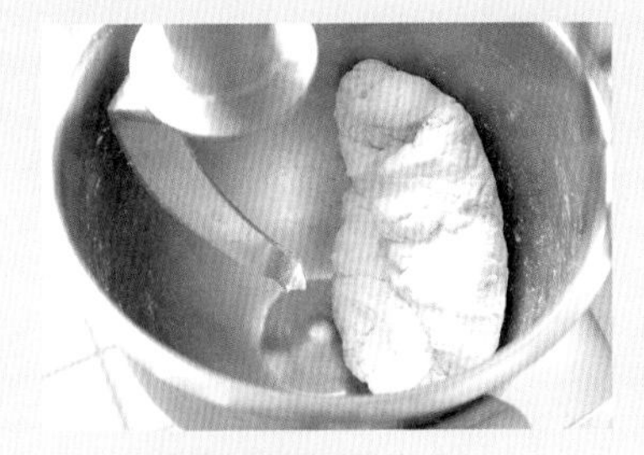

2、攪拌至光滑均勻。

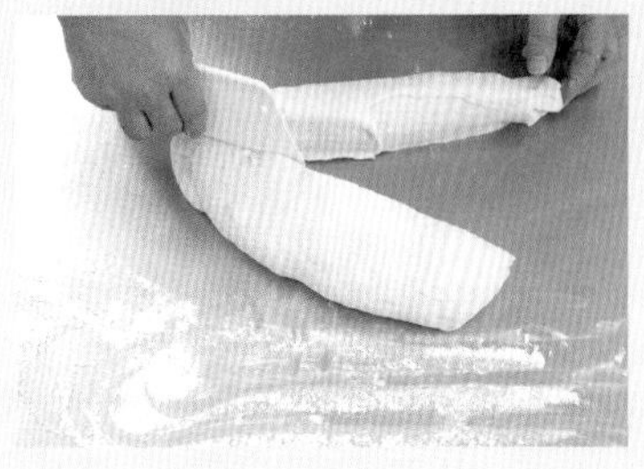

3、分割。

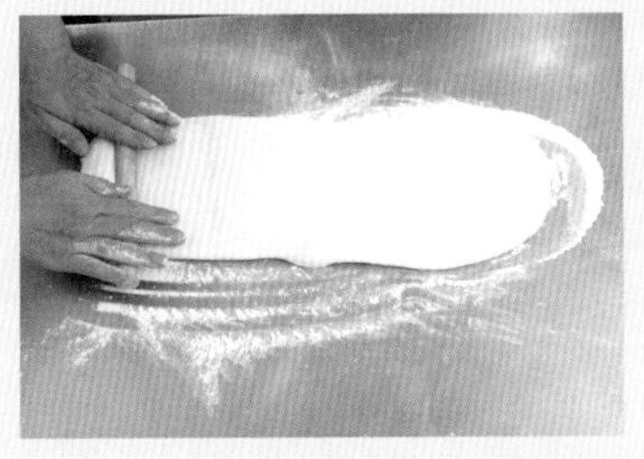

4、分割的麵糰，擀製成長方形。

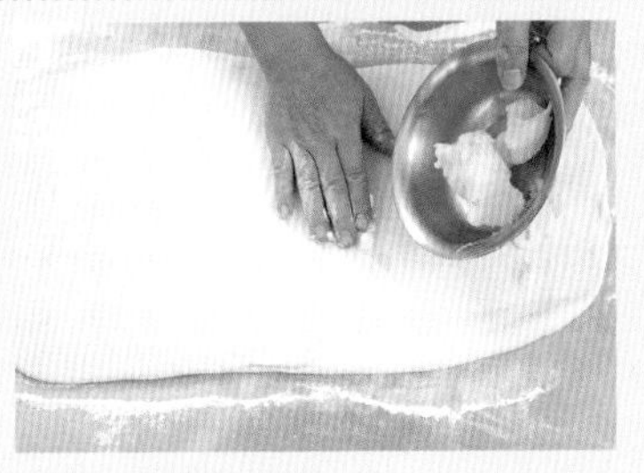

5、塗抹豬油。

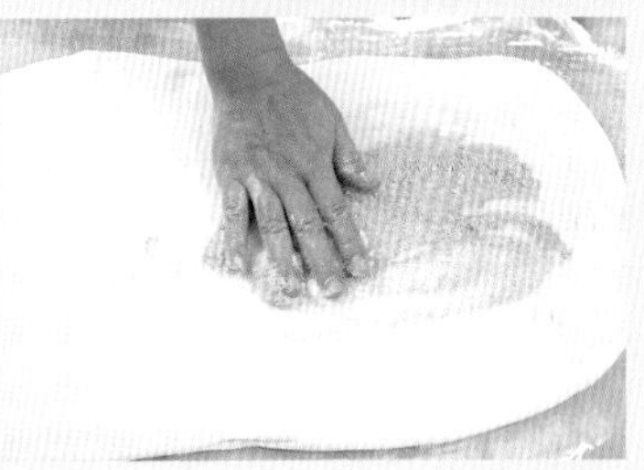

6、調味料均勻塗抹在麵皮上。

7、青蔥切成蔥花，最後撒上蔥花。

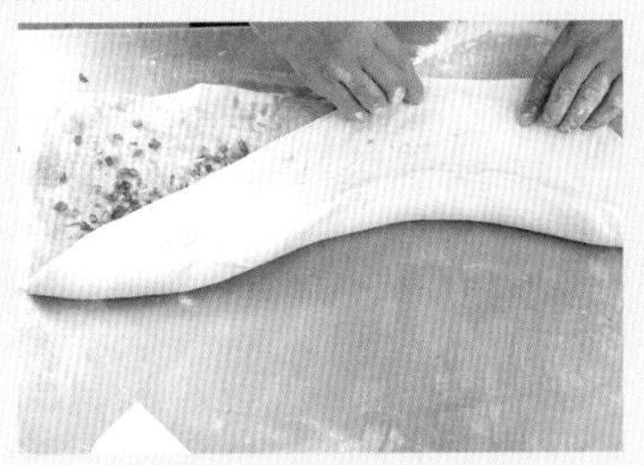

8、對折成長方形。

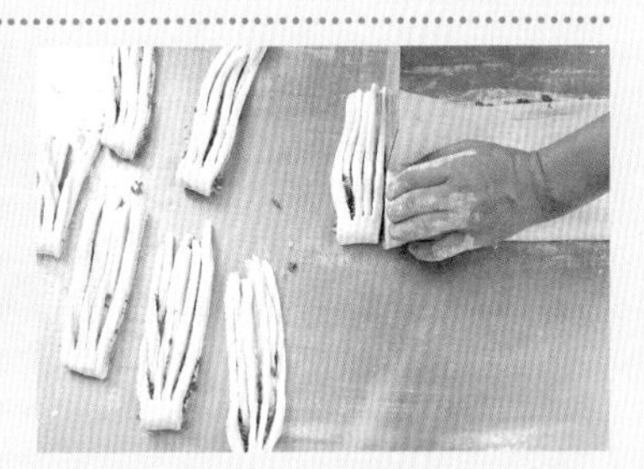

9、用切刀在麵皮上切成條狀。

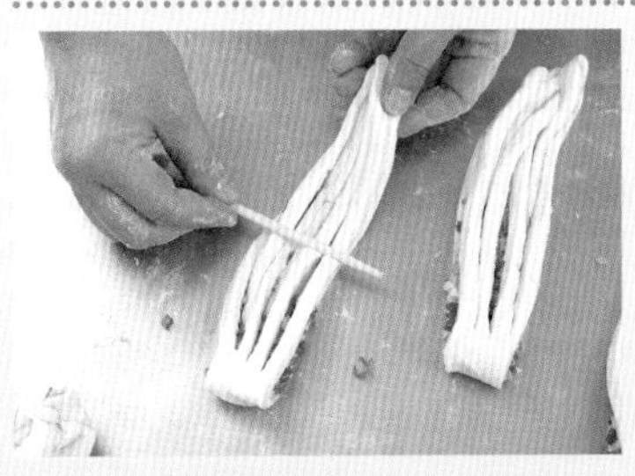

10、用筷子放在麵皮中間。

11、再將麵皮對折。

12、拿起筷子翻轉。

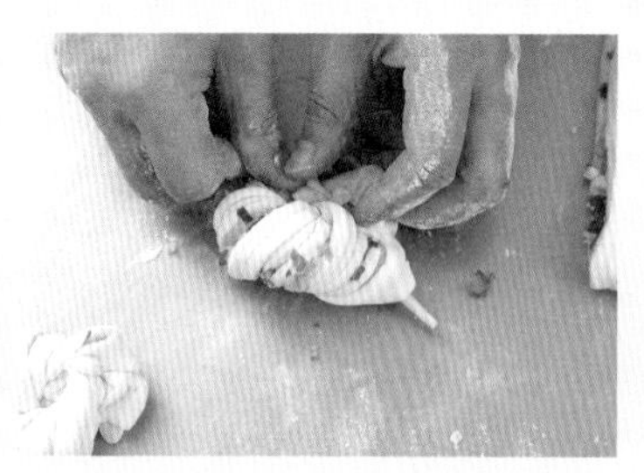

13、捲成麻花狀。

14、完成形狀如圖。

15、放入蒸籠中醒麵20分鐘，大火蒸製15分鐘。

16、完成品。

職人延伸 Q&A

1. 蔥花捲使用新鮮酵母時，其用量需比使用乾酵母時，狀況如何？

答

2. 花捲類糰配料是否可用其他素食材料代替，請舉例說明。

答

20. 杏仁豆腐

小知識分享

杏仁分成南杏、北杏和杏仁果，一般用在烘培上的，是杏仁果，俗稱美國杏仁果。而南杏又稱甜杏仁，性味甘甜無毒，是杏仁茶的主要原料；營養成分抗老抗氧化：杏仁的維生素 E 是其他堅果類的 10 倍以上，可幫助抗老。

資料來源：https://www.edh.tw/article/8973

前置作業

材料	
杏仁粉	40g
果凍粉	80g
吉利 T	20g
糖	150g
水	100g
碎冰	400g
鮮奶油	350g
鮮奶	150g
煉乳	50g
杏仁露	15g
什錦水果罐	1 罐

重量單位：公克

作法

1. 杏仁粉、果凍粉、糖、水混和，煮滾後加入冰塊降溫。
2. 加入鮮奶油、煉乳、鮮奶攪拌均勻，再加入杏仁精，倒入模型冷卻成型。
3. 煮糖水，冷卻加入什錦水果罐頭，將成型的杏仁豆腐切割成小塊狀，再加入糖水中即可。

製作步驟

1、將杏仁粉、果凍粉、糖，加入水中。

2、煮沸。

3、煮好後，加冰塊降溫。

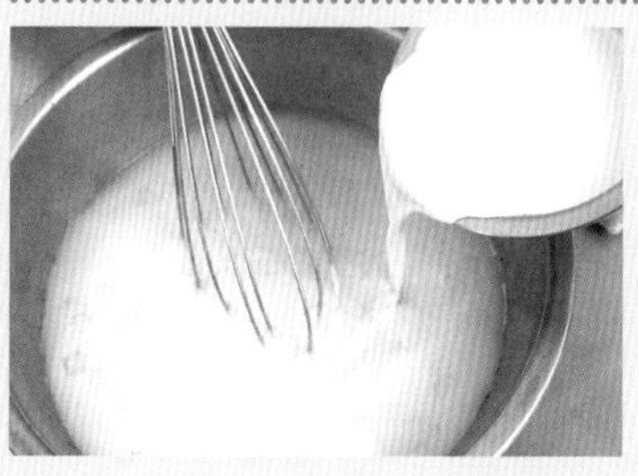

4、再加入鮮奶、煉乳、鮮奶油，攪拌均勻，最後加入杏仁精。

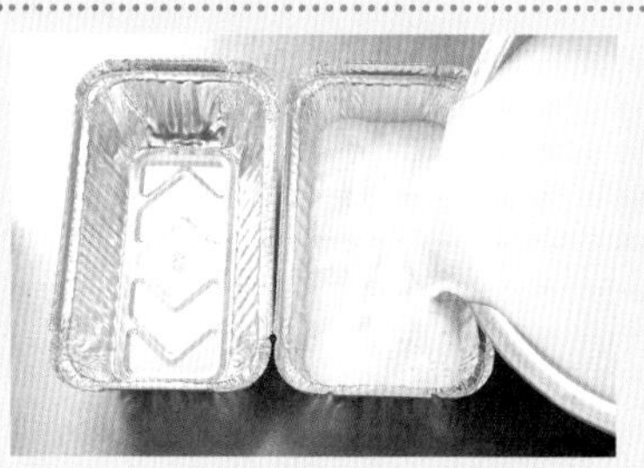

5、倒入模具中。冷卻冷藏。

6、將成形的杏仁豆腐切割小丁狀。

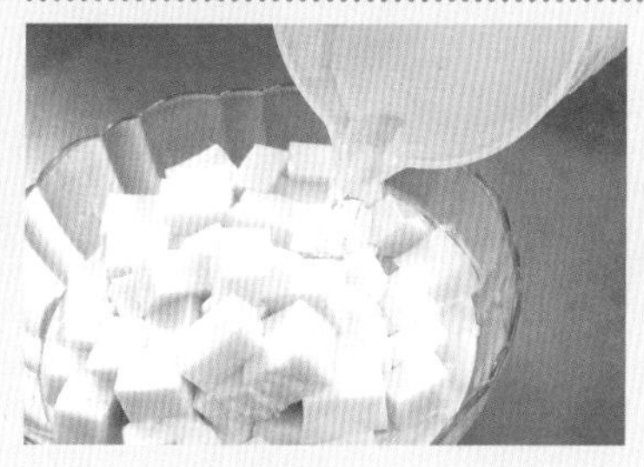

7、倒入糖水。

8、加入什錦水果。

9、完成品。

1. 杏仁精或杏仁粉的差異性為何？

 **答**

2. 如果杏仁豆腐沒有結凍，請問哪裡為最重要的關鍵？

 **答**

21. 蔥花肉鬆鹹蛋糕

小知識分享

日本統治時期皇族戴仁親王來臺，霧峰士紳林獻堂設晚宴款待，主廚將蛋加麵粉蒸成蛋糕，並夾入紅蔥筍子末炒拌的肉燥，深受親王喜愛及贈予十倍的御賞，鹹蛋糕因此而傳開成為特色的點心。

資料來源：https://www.lshj.com.tw/brand.php#content2

前置作業

A

B

C

A. 麵糊材料

蛋黃	300g
泡打粉	10g
低筋麵粉	330g
奶水	150g
細砂糖	130g
沙拉油	115g

重量單位：公克

B. 蛋白糊材料

蛋白	660g
細砂糖	250g
塔塔粉	2g
鹽	3g

重量單位：公克

C. 配料

火腿	10 片
肉鬆	50g
蔥花	50g
油蔥酥	50g
沙拉	1 條

重量單位：公克

＊依個人喜好的口味，斟酌沙拉用量、可加可不加、或替換成喜歡的食材。

作法

1. 將麵糊材料，細砂糖、奶水、蛋黃、沙拉油拌勻，最後加入粉類拌勻備用。
2. 蛋白、細砂糖、塔塔粉、鹽用攪拌機打至中性發泡。
3. 將 1/3 蛋白加入麵糊中輕微攪拌，最後再加入 2/3 蛋白完全拌勻，倒入烤盤（須鋪設白報紙），麵糊須用平面刀刮平。
4. 將配料，火腿、蔥花切碎和肉鬆、油蔥酥平均淋上表面，放入預熱烤箱上火 180℃／下火 200℃，15 分鐘烤至熟成，即完成。

製作步驟

1、將麵糊材料加入細砂糖、奶水、蛋黃、沙拉油，用攪拌器攪拌均勻。

2、加入低筋麵粉、泡打粉。

3、攪拌均勻，備用。

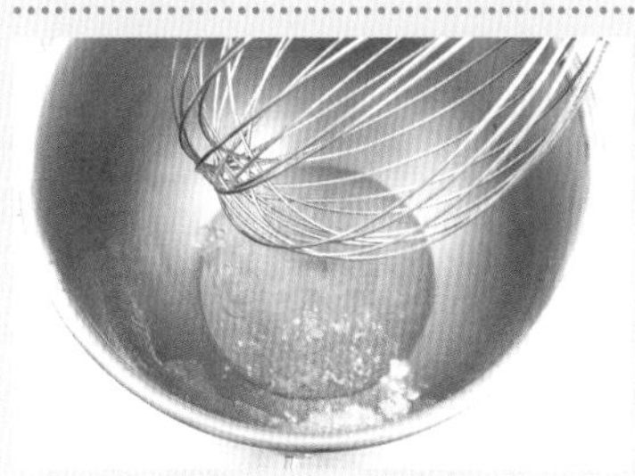

4、蛋白加細砂糖、塔塔粉、鹽，用球型攪拌器開中速攪拌。

5、打發至中性發泡。

6、將1/3蛋白糊加入麵糊當中。

7、輕輕攪拌。

8、最後再加入至2/3蛋白糊中。

9、完全攪拌均勻。

10、烤盤鋪上白報紙打底，倒入麵糊。

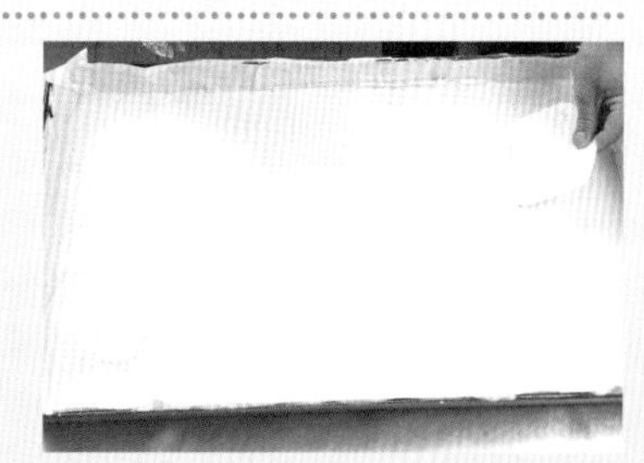

11、刮平。

12、將配料火腿碎、蔥花、肉鬆、油蔥酥，平均撒在表面上。

13、進入烤箱，上火180℃／下火200℃，烤15分鐘即可。

14、出爐蛋糕冷卻。

15、將冷卻的蛋糕體，隔一張白報紙翻面。

16、蛋糕體塗上沙拉。

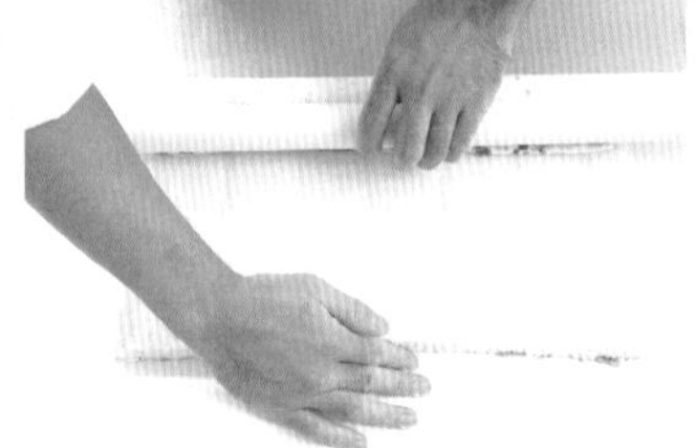

17、利用白報紙。

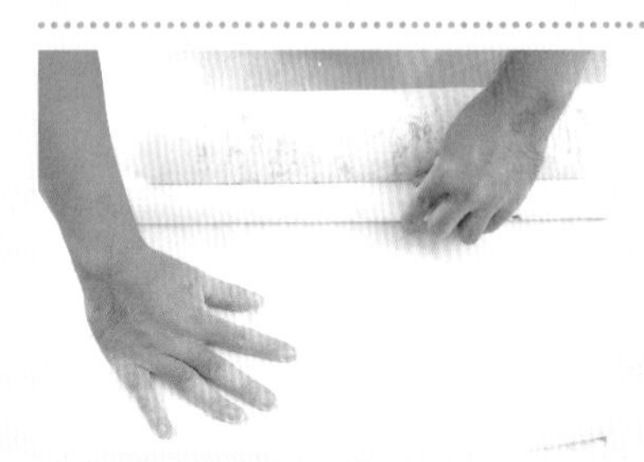

18、捲起蛋糕體。

19、完成品。

職人延伸 Q&A

1. 請問打蛋白時，分成幾種型態？

答

2. 蛋糕體翻面後，如果會沾黏白報紙，原因為何？

答

22. 桂圓蛋糕

小知識分享

桂圓蛋糕的創始店彰化「寶珍香」，投入製餅行業已經歷百年，於1911年創立，創始人當時家裡種了很多龍眼樹，便把龍眼烘乾製作成桂圓蛋糕，大受顧客喜愛，也成為了彰化家喻戶曉的桂圓蛋糕始創店。

資料來源：https://www.bzx.tw

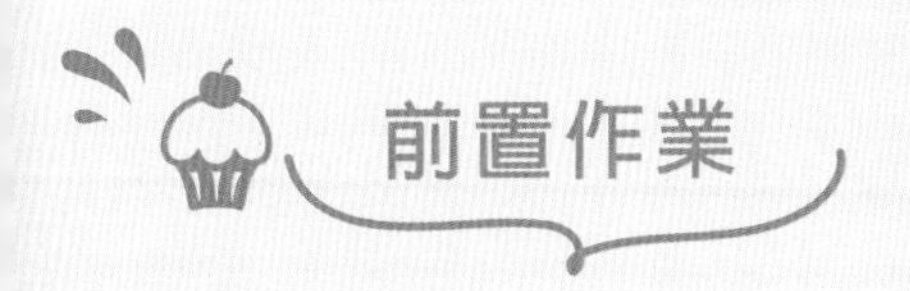

前置作業

材料

雞蛋	8 個
細砂糖	250g
低筋麵粉	300g
泡打粉	3g
小蘇打粉	3g
焦糖	5g
沙拉油	350g
桂圓乾	150g
核桃	100g
養樂多	3 瓶

重量單位：公克

＊養樂多為增加風味使用，可使蛋糕更香醇，非必備材料。

作法

1. 養樂多加桂圓小火煮開慢慢收乾，備用。
2. 雞蛋加糖拌勻，再加入低筋麵粉、焦糖、泡打粉、小蘇打粉攪拌，沙拉油分次拌勻加入，最後注入放有桂圓乾的紙杯中。
3. 加入核桃裝飾，入烤箱上火 200℃／180℃，烤 15~20 分鐘。

製作步驟

1、養樂多加桂圓小火煮至湯汁收乾，備用。雞蛋加糖拌勻。

2、加入低筋麵粉。

3、加入焦糖、泡打粉、小蘇打粉，攪拌成麵糊狀。

4、沙拉油分次加入，攪拌均勻。

5、杯中放入桂圓乾。

6、將攪拌均勻的麵糊依序灌入紙杯中。

7、上面用核桃裝飾。

8、入烤箱，上火200℃／下火180℃，烤焙20分鐘。

9、完成品。

1. 製作桂圓蛋糕時的蛋糕體為何種打法？請說明。

答

2. 製作桂圓蛋糕時，請說明應注意事項。

答

23. 油皮蛋塔

小知識分享

蛋塔是一種以蛋漿做成餡料的西式餡餅；應用不同手法及餡料即可成為不同類型之蛋塔，如油皮、酥皮等，作法是把餅皮放進圓形盆狀的餅模中，倒入由砂糖、鮮奶及雞蛋混和而成之蛋漿，然後放入烤爐。

資料來源：https://zh.wikipedia.org/zh-tw

前置作業

A

B

C

A. 油皮材料

中筋麵粉	226g
細砂糖	25g
豬油	90g
水	105g

重量單位：公克

B. 油酥材料

低筋麵粉	150g
豬油	75g

重量單位：公克

C. 蛋汁材料

牛奶	670g
細砂糖	150g
萊姆酒	10g
蛋黃	270g
動物性鮮奶油	670g
香草粉	2g

重量單位：公克

＊香草粉僅為增加風味使用，非必備材料，可依個人喜好調整。

作法

1. 將油皮材料加入攪拌機攪拌至光滑均勻後備用。
2. 將油酥材料加入攪拌機攪拌至光滑均勻後備用。
3. 將步驟 1 油皮切割成 22g ／個及步驟 2 油酥 11g ／個，做 2 次擀捲動作後，擀圓入塔模並折滾邊後備用。
4. 將蛋汁材料全部混和拌勻及過篩。
5. 篩後之蛋汁加入塔皮中；滾圓的部分刷上蛋黃液，置入烤箱以上火 150℃／下火 200℃，烤 15~20 分鐘，即完成。

製作步驟

製作油皮

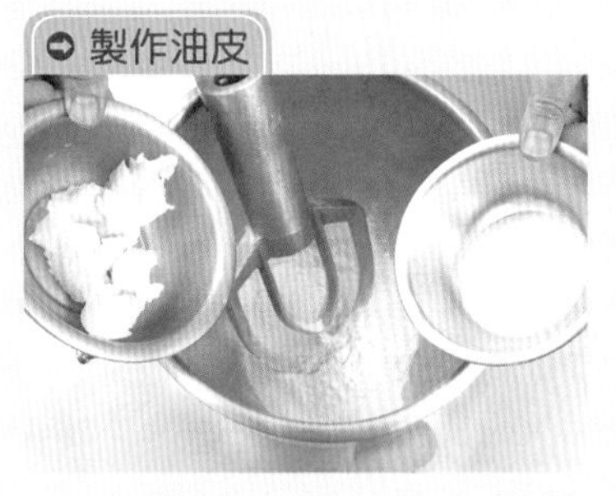

1、將油皮材料放入攪拌缸中。

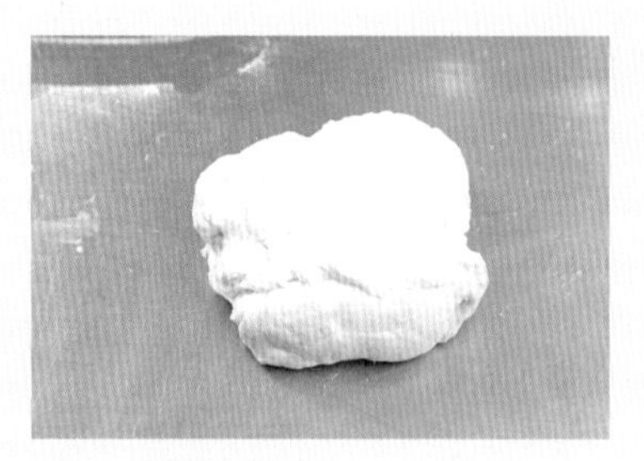

2、攪拌均勻。

3、油皮切割每個22公克，備用。

製作油酥

4、油酥材料放入鋼盆中。

5、攪拌均勻。

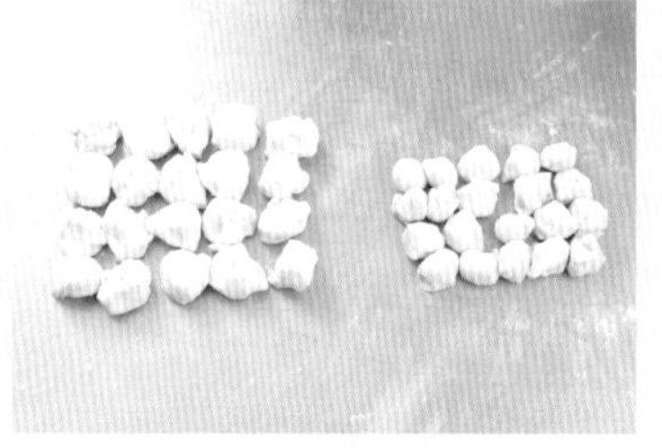

6、油酥切割每個11公克，備用。

製作塔皮

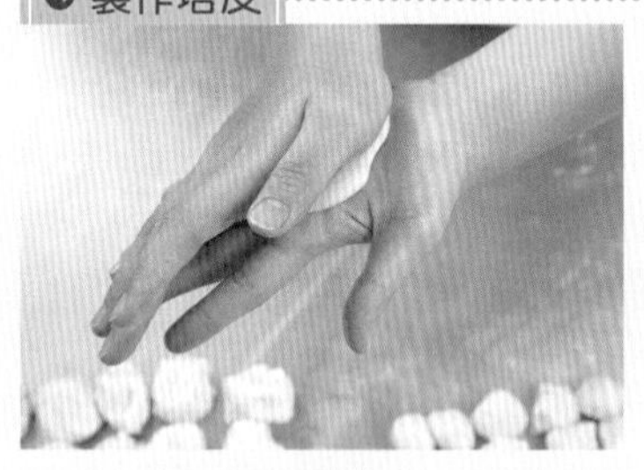

7、將油皮壓扁。

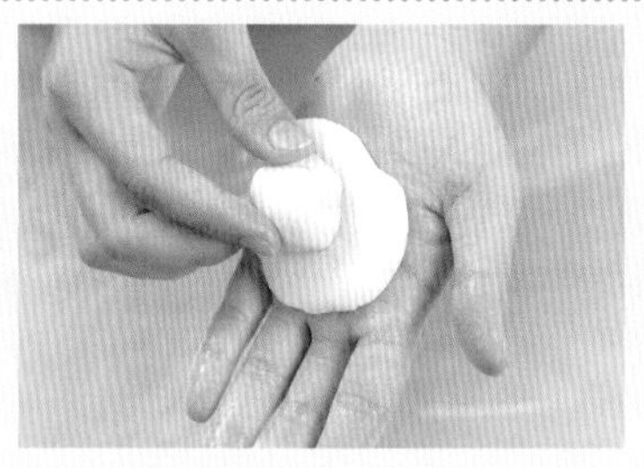

8、包入油酥。

9、做成小包酥。

10、做好的小包酥進行二次擀捲（做法如步驟11、12）。

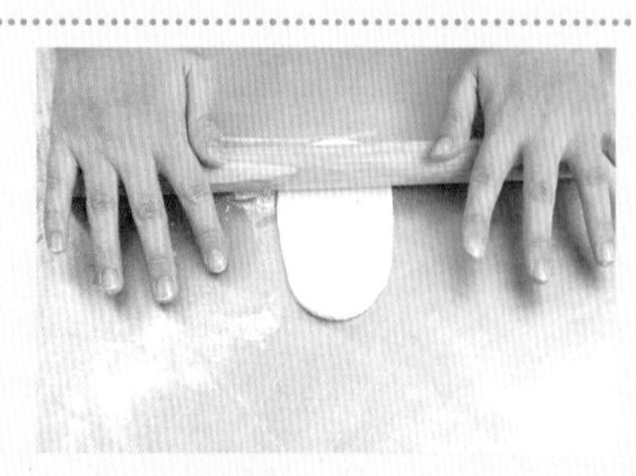

11、擀平。

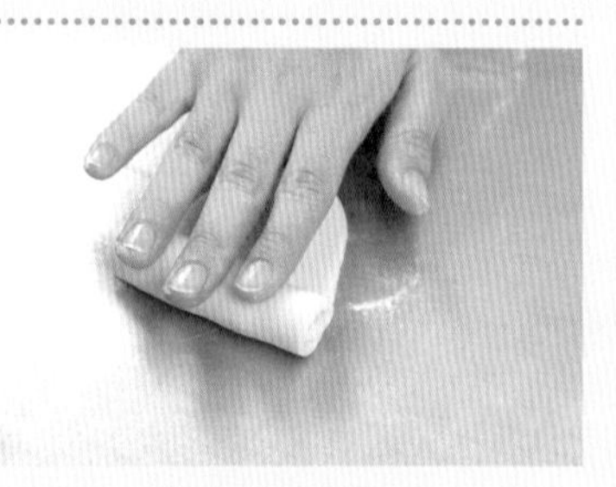

12、從上往下捲起。

13、完成二次擀捲。

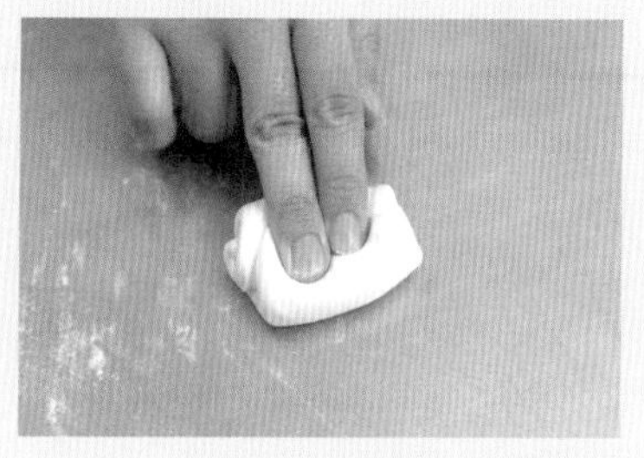

14、將擀好麵糰，用食指往中間下壓。

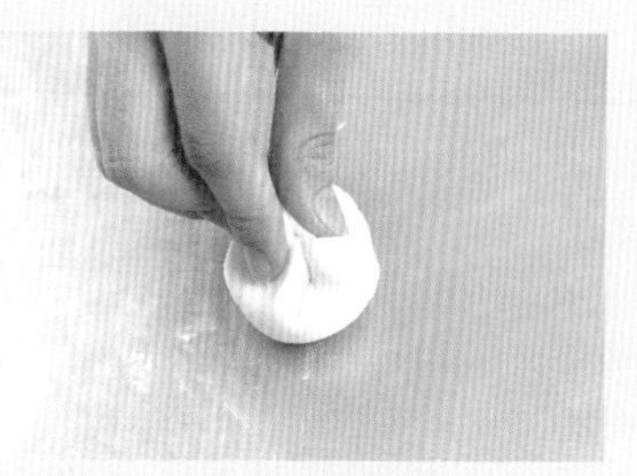

15、將四邊角抓起。

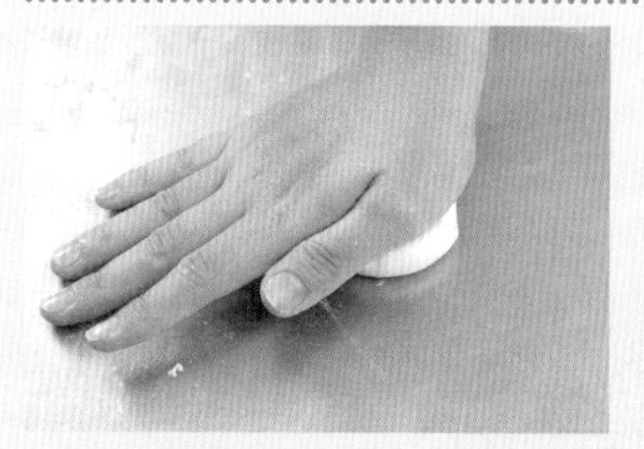

16、壓平。

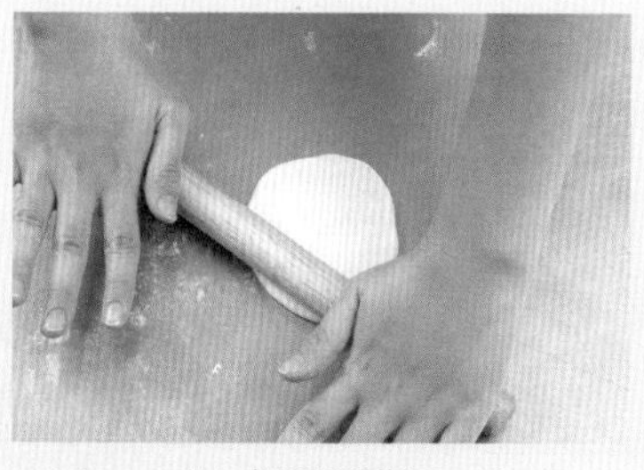

17、擀成圓形狀。

18、入塔模。

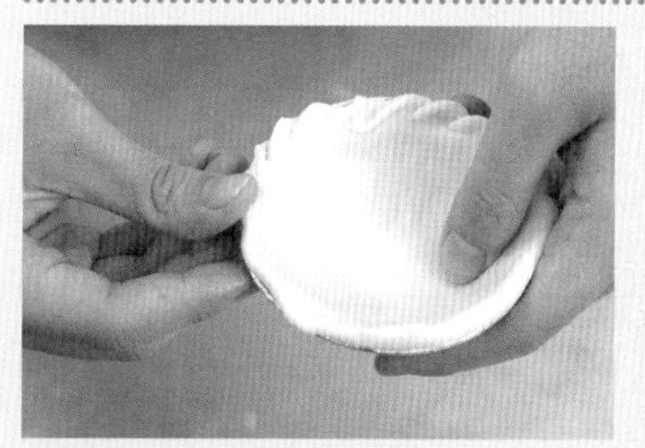

19、滾成麻花邊。

製作蛋汁

20、將蛋汁材料依序加入混和。

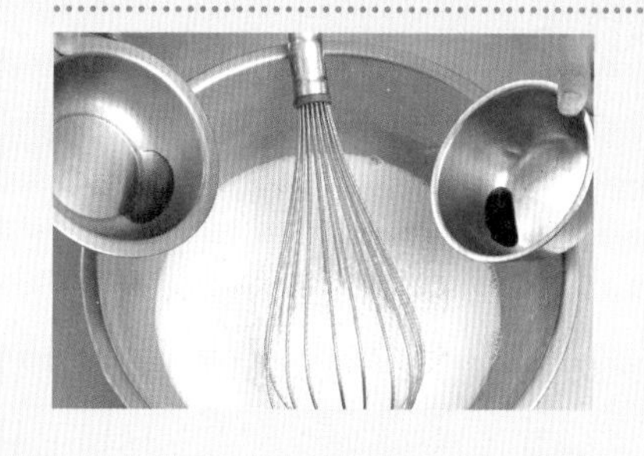

21、過篩。

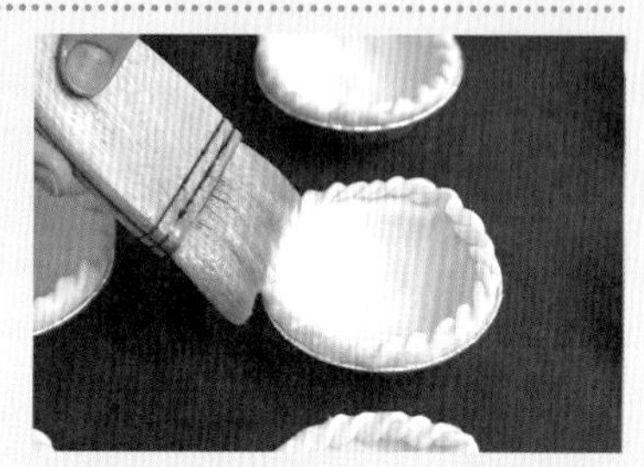

22、塔皮滾邊部分需用蛋黃塗抹上色。

23、將蛋汁加入塔模中，約8分滿。

24、入烤箱，上火150℃／下火200℃，烤焙約18分鐘。

25、完成品。

職人延伸 Q&A

1. 油皮蛋塔之製作，為使塔皮易於整形，通常可在擀捲完成後，做什麼處置？

答

2. 油皮蛋塔烤焙後表面呈現嚴重凸起或凹陷，是什麼原因？

答

24. 酥皮蛋塔

小知識分享

酥皮(puff pastry)，是一種光亮、片狀的烘焙糕點，包含幾層的脂肪，在20°C(68°F)下成固態。還未烘烤前，酥皮是指塗抹上固體脂肪並且反覆摺疊的麵糰（反覆摺疊但是絕對不搗碎，因為這會破壞分層），用於生產糕點，例如：蛋塔、鬆餅等。

資料來源：https://zh.wikipedia.org/zh-tw

前置作業

A. 酥皮材料	
安佳奶油	50g
白油	35g
糖粉	60g
奶粉	5g
泡打粉	1g
鹽	1g
低筋麵粉	160g

重量單位：公克

B. 蛋汁材料	
牛奶	335g
細砂糖	75g
萊姆酒	5g
蛋黃	135g
動物性鮮奶油	335g
香草精	1g

重量單位：公克

作法

1. 低筋麵粉過篩後，將酥皮材料等加入攪拌機拌匀，切勿過度攪拌，攪拌後切割成 20g ／個備用。
2. 將蛋汁材料全部混和拌匀及過篩。
3. 將切割的酥皮套入塔模後，邊緣抓至成鈍狀，再注入蛋汁入塔皮中；置入烤箱以上火 150℃／下火 200℃，烤 15~20 分鐘，即完成。

製作步驟

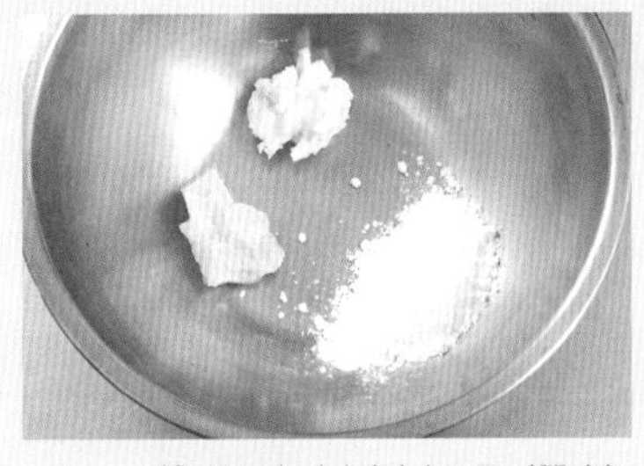

1、將酥皮材料加入攪拌缸中。

2、攪拌均勻。

3、低筋麵粉過篩入攪拌缸，攪拌均勻，切勿過度攪拌。

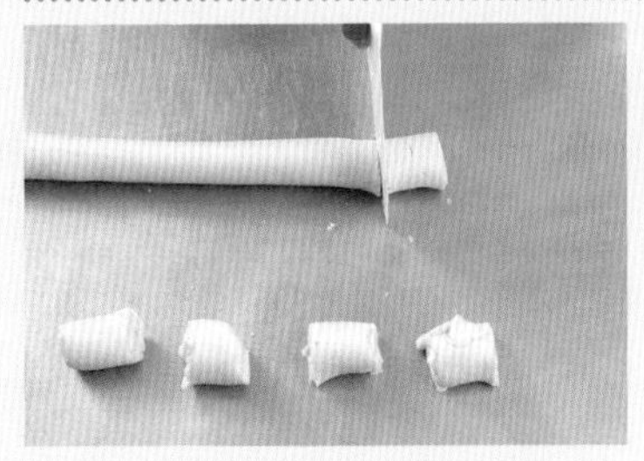

4、酥皮分割每個20公克，備用。

5、將酥皮輕壓。

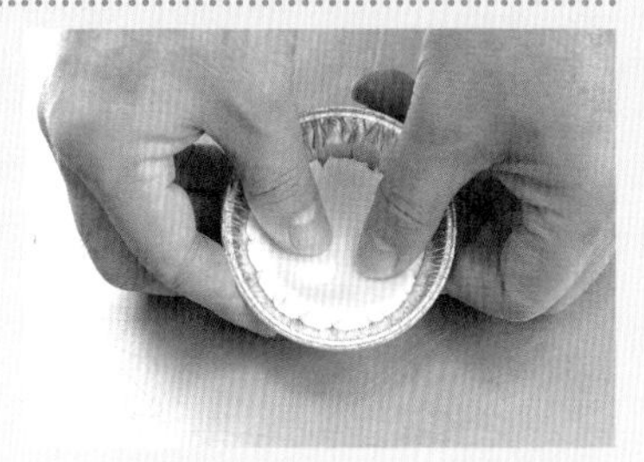

6、套入塔模後，抓捏往上。

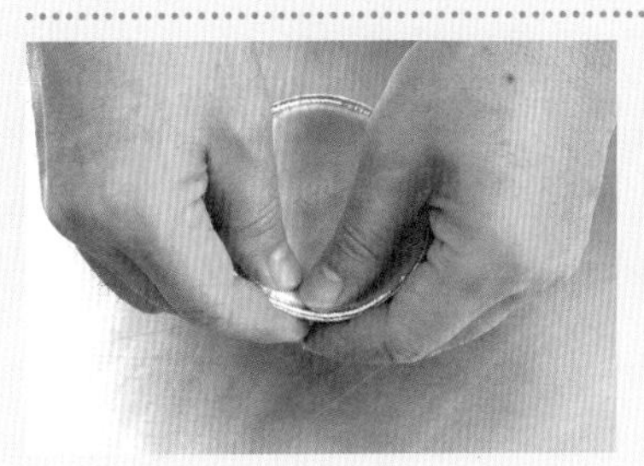

7、繼續抓、壓，形成鈍邊。

8、修邊。

➡ 製作蛋汁

9、蛋汁材料混和。

10、過篩。

11、再注入蛋汁8分滿。

12、入烤箱，上火150℃／下火200℃，烤焙18分鐘。

13、完成品。

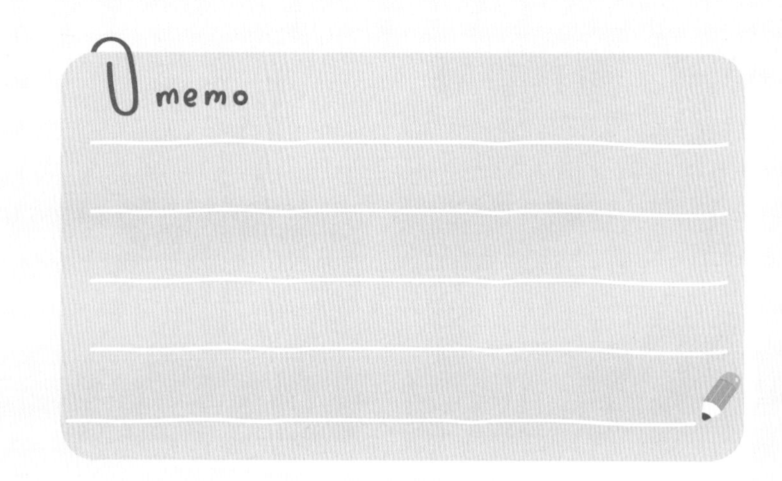

職人延伸 Q&A

1. 什麼因素造成酥皮蛋塔表面縮皺？

答

2. 酥皮蛋塔的內餡調製順序為何？

答

25. 起司芝麻球

小知識分享

起司芝麻球起源於廣東地區，是中國傳統油炸麵食及廣東油器的一種，以糯米粉糰油炸，加上芝麻而製成，有些包麻茸、豆沙等餡料。也是廣東及香港、澳門地區常見的賀年食品。

資料來源：https://zh.wikipedia.org/zh-tw

前置作業

材料

糯米粉	400g
冰水	280g
細砂糖	100g
澄粉	75g
熱水	90g
白油	110g
豆沙	450g
白芝麻	200g
起司絲（球狀）	200g

重量單位：公克

作法

1. 將澄粉加入 100℃熱水中快速攪拌成麵糰備用。
2. 糯米粉加入冰水、細砂糖攪拌成糯米糰後，再分 3 次加入澄粉麵糰及白油成為主麵糰。
3. 將糯米糰分切成 20g ／個、豆沙分切成 15g ／個；包入起司絲成糯米糰。
4. 將第 3 步驟包餡之糯米糰沾水再沾白芝麻搓圓後放入油鍋，以中火放入炸至金黃色撈起裝盤，即完成。

製作步驟

1、澄粉加入100℃沸水。

2、快速攪拌。

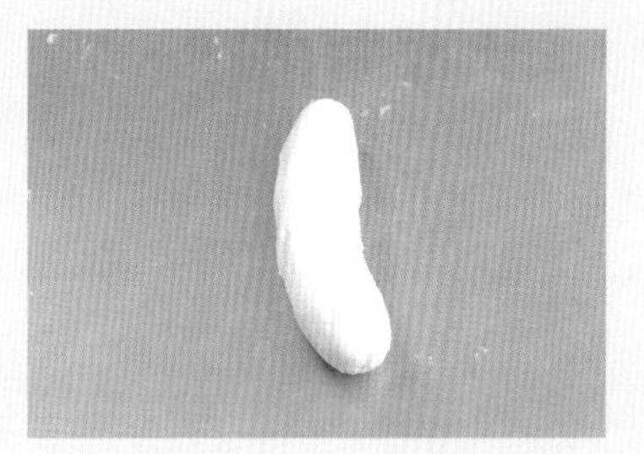

3、形成澄粉麵糰，備用。

4、糯米粉加入冷水、細砂糖。

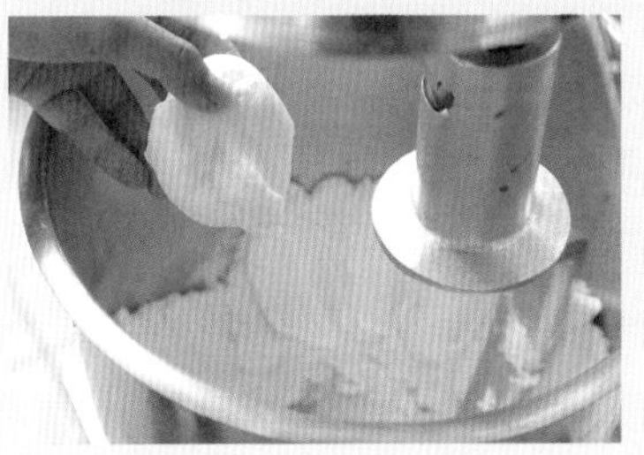

5、攪拌成糯米糰後，分次加入澄粉麵糰。

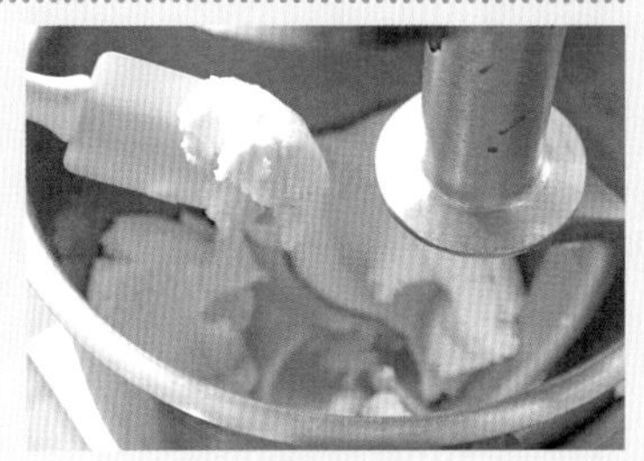

6、加入白油。

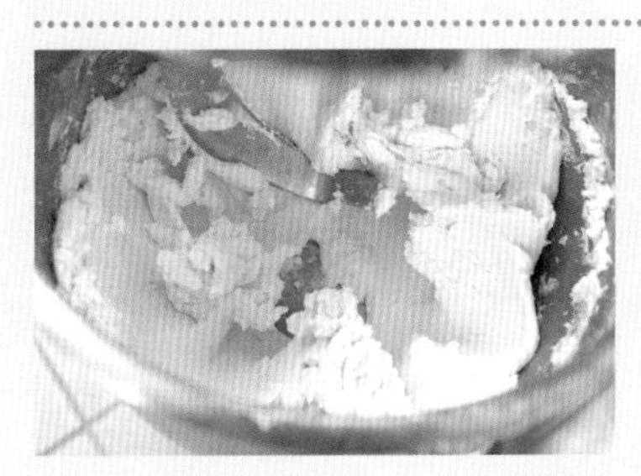

7、攪拌均勻，形成糯米糰。

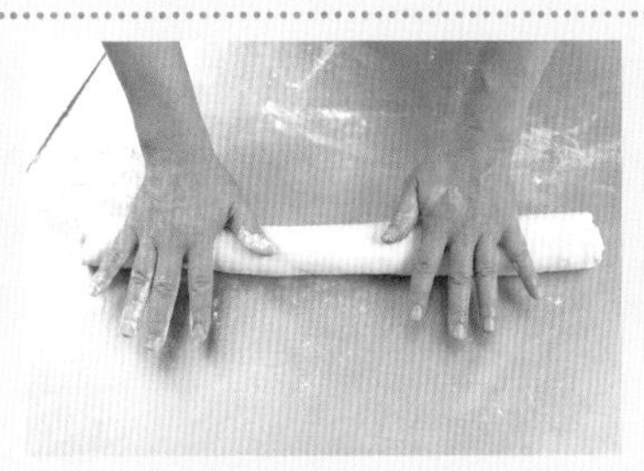

8、將糯米糰整成長條狀。

9、將糯米麵條切分20公克小麵糰。

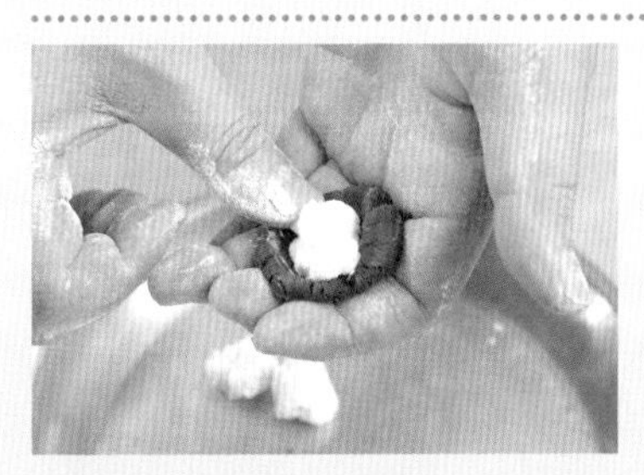

10、將豆沙切分15公克小塊。

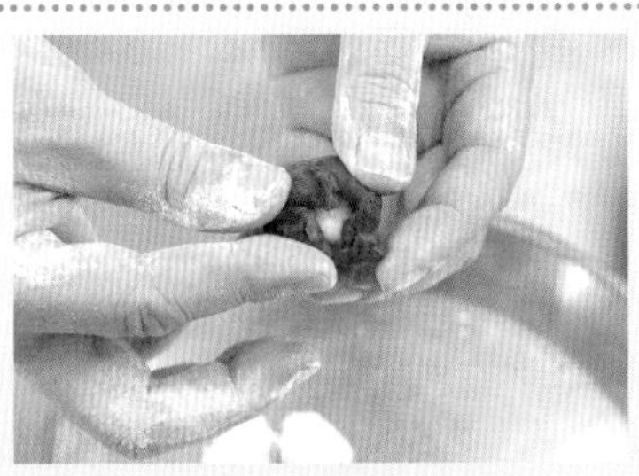

11、將豆沙包起司絲。

12、形成一球內餡。

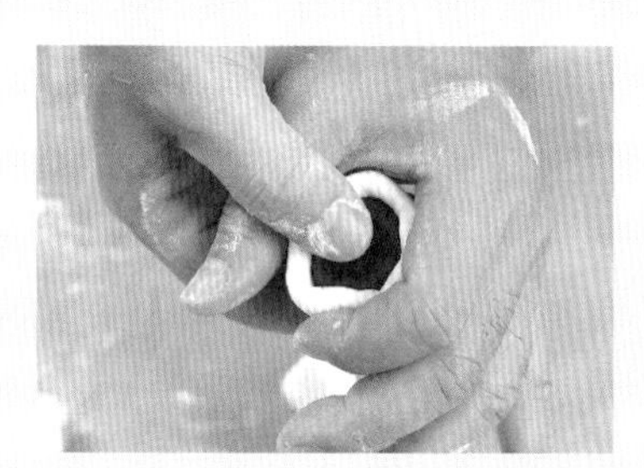

13、包入豆沙餡，包成圓形。

14、將包好的麵糰沾水、沾芝麻，放在掌心搓圓。

15、起油鍋50°C左右，放入芝麻球。

16、浮起後炸至金黃色。

17、完成品。

職人延伸 Q&A

1. 小麥澱粉（澄粉）適合製作哪些料理？請列舉。

答

2. 澄粉是由小麥麵粉分離出來的何種物質？

答

26. 煎麻糬

小知識分享

麻糬是臺灣傳統米食，一種是將糯米浸泡之後磨成漿，然後將水分瀝乾，變成米胚，再把米胚蒸熟就完成了。另外一種是將糯米煮成飯之後，直接將糯米飯放入舂臼捶打，讓飯變成糊狀的飯糰。吃的時候可以沾糖粉或花生粉。

資料來源：https://zh.wikipedia.org/zh-tw

前置作業

麵糊材料

糯米粉	300g
水	500g

重量單位：公克

內餡材料

花生粉	100g
黑芝麻粉	100g
細砂糖	200g
香菜	80g

重量單位：公克

作法

1. 將糯米粉加水拌勻成麵糊備用。
2. 花生粉加 100g 細砂糖拌勻、黑芝麻粉加 100g 細砂糖，拌勻備用。
3. 中式炒鍋加入少許油以小火加熱，再倒入糯米麵糊，離鍋後翻面邊煎邊拍打至熟成。
4. 於桌上先鋪上保鮮膜，將煎好之麵糰置於上，再鋪上保鮮膜擀成長方形後，取出成品，撒上步驟 2 之花生粉或黑芝麻粉、香菜，捲成長條狀兩邊打結即完成。

製作步驟

1、糯米粉加水調成麵糊，備用。

2、花生粉加入糖。

3、混和，備用。

4、黑芝麻粉加入糖。

5、混和，備用。

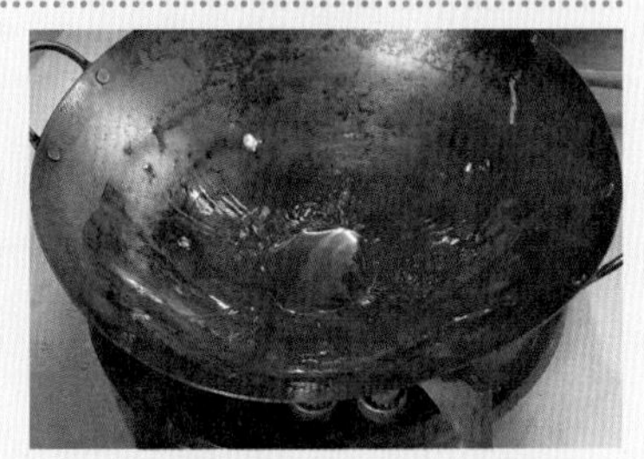

6、炒鍋加少許沙拉油，小火加熱。

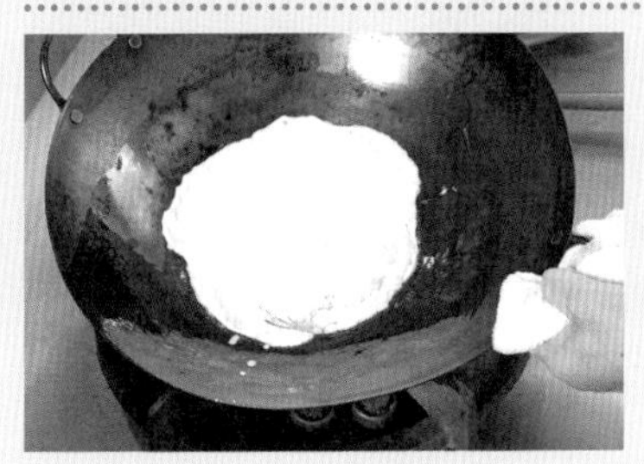

7、倒入糯米糊。

8、成型後，翻面煎至熟成。

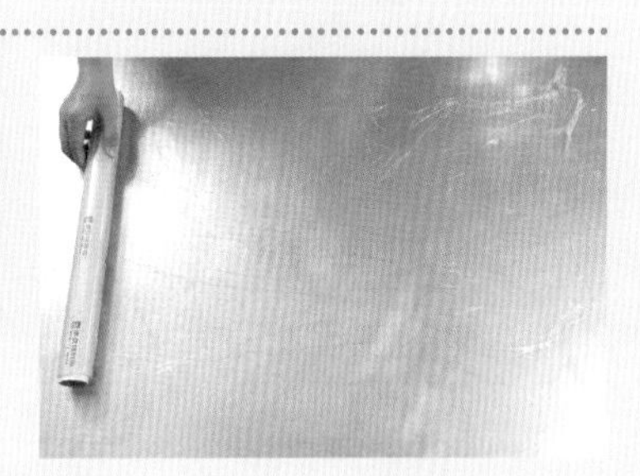

9、桌上鋪上保鮮膜。

10、將煎好的麵糰放上去。

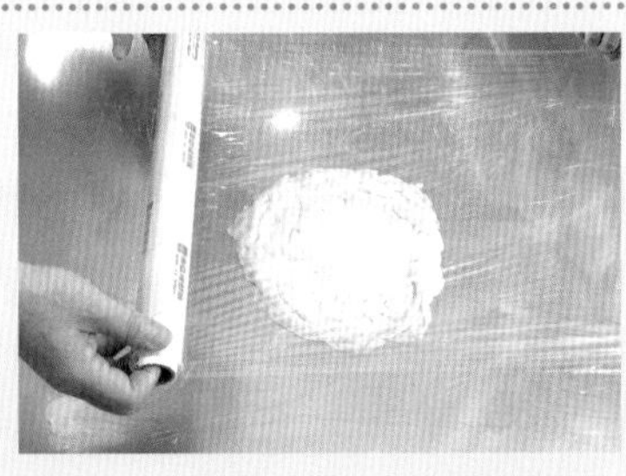

11、再鋪上一層保鮮膜。

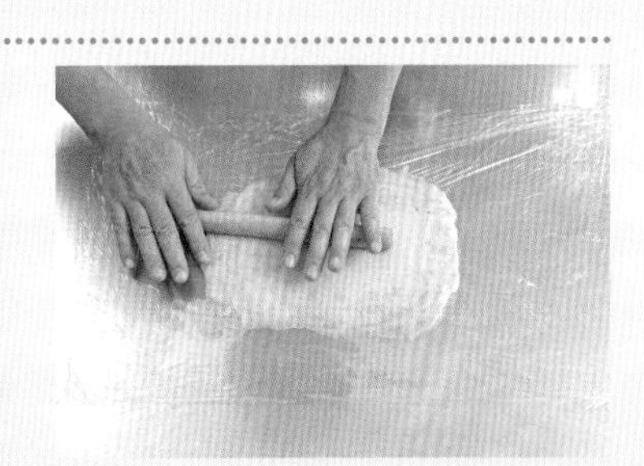

12、用擀麵棍擀成長方形狀。

13、**花生口味**：撒上花生粉。

14、撒上香菜末。

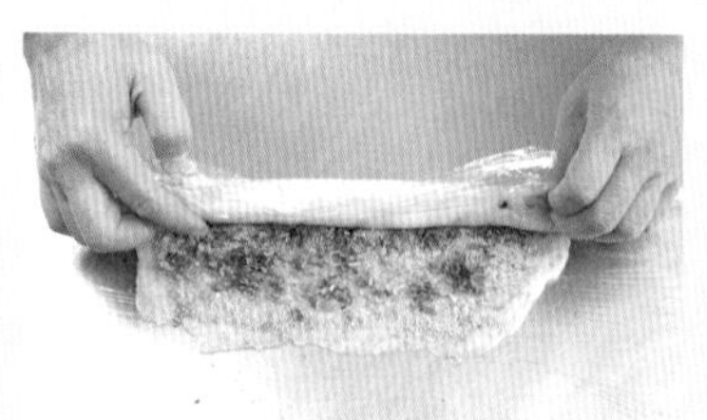

15、利用保鮮膜輔助捲起。

16、**芝麻口味**：撒上芝麻粉。

17、利用保鮮膜輔助捲起。

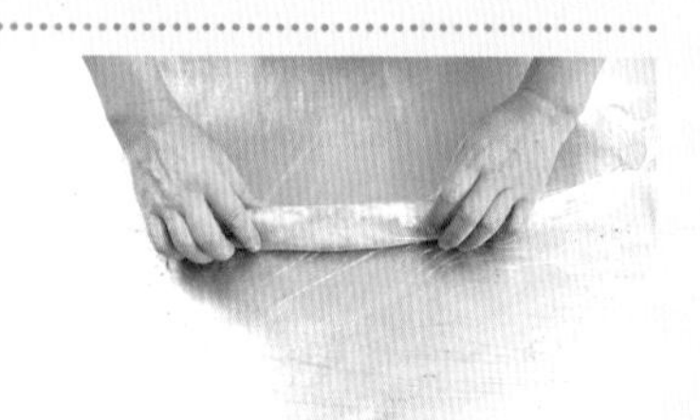

18、包捲完成。

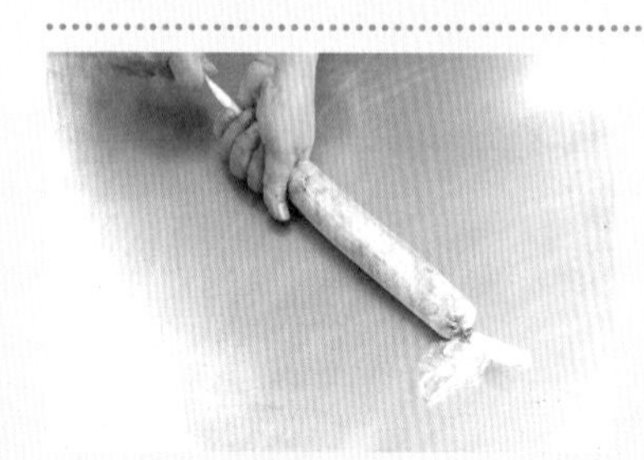

19、兩端打結。

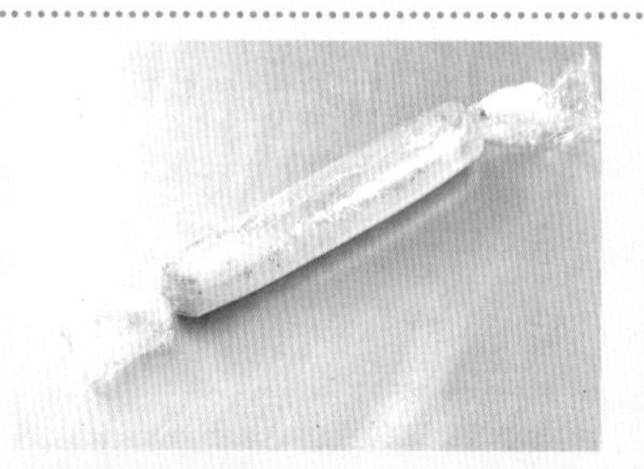

20、打結完成。

21、切塊後，完成品。

1. 米的種類非常多，請問糯米、在來米、蓬萊米三種米中，哪一項的製品其老化速度最快？

答

2. 秈米、在來米、糯米中，食用哪種米易脹氣？

答

27. 綠豆椪

小知識分享

綠豆椪的內餡是綠豆泥甜餡包入豬油及紅蔥頭烘烤製成，亦可加入少許豬肉一起做成內餡，或者變化加入其他食材，綠豆椪是台式的傳統月餅。

資料來源：https://zh.wikipedia.org/zh-tw

前置作業

A

B

C

A. 油皮材料

中筋麵粉	400g
細砂糖	16g
豬油	160g
水	180g

重量單位：公克

B. 油酥材料

低筋麵粉	300g
豬油	150g

重量單位：公克

C. 內餡材料 & 調味料

絞肉	300g
紅蔥頭	30g
油蔥酥	30g
白芝麻	50g
綠豆沙	800g
味素	2T
糖	2T
醬油	20g
白胡椒粉	2T

重量單位：公克

＊味素、糖、白胡椒粉的量匙規格為 1/2T。

作法

1. 將油皮材料加入攪拌機攪拌至光滑均勻後備用。
2. 將油酥材料加入攪拌機攪拌至光滑均勻後備用。
3. 紅蔥頭爆香後加入絞肉、調味料炒熟，最後加入油蔥酥及碎白芝麻即可。
4. 將步驟 1 油皮切割成 20g ／個及步驟 2 油酥 15g ／個，接著油皮包油酥，做 2 次擀捲。
5. 綠豆沙分割成 40g ／個，再包入炒好之肉餡成內餡。
6. 將作法 4 擀好的皮，擀成圓形狀，再包入作法 5 的綠豆沙餡，置入烤箱以上火 180℃／下火 180℃，烤 30 分鐘，即完成。

製作步驟

製作餡料

1、炒鍋加油，加入絞肉拌炒。

2、紅蔥頭切碎加入爆香。

3、加入調味料拌炒。

4、加入熟碎白芝麻，炒好待涼。

5、將綠豆沙切割成每個40公克。

6、包入15公克肉餡。

7、包成綠豆沙內餡，備用。

製作油皮

8、將油皮材料放入攪拌缸。

9、攪拌至光滑均勻，備用。

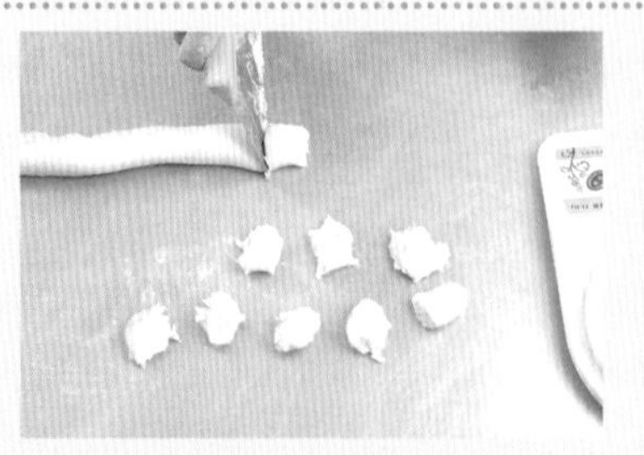

10、油皮切割每個20公克。

製作油酥

11、油酥材料加入混和。

製作油酥皮

12、攪拌均勻。

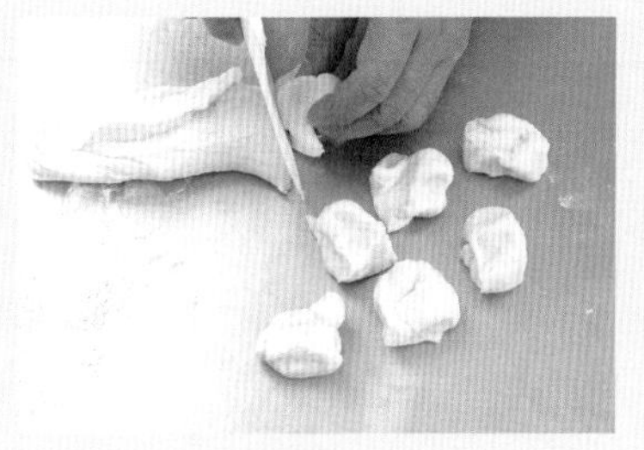

13、油酥切割每個15公克，備用。

14、油皮包油酥。

15、做成小包酥。

16、將小包酥擀成長圓形。

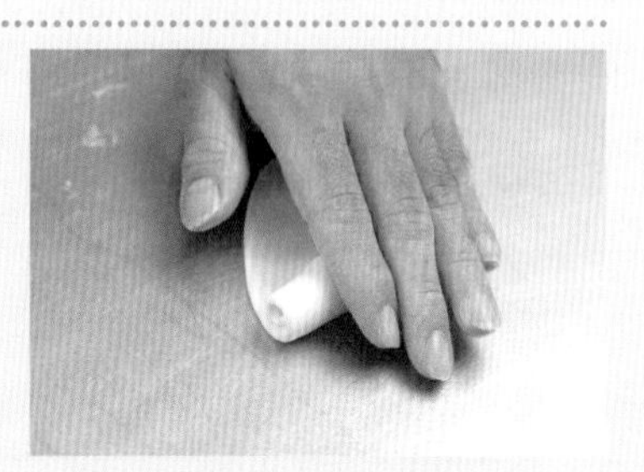

17、捲起。

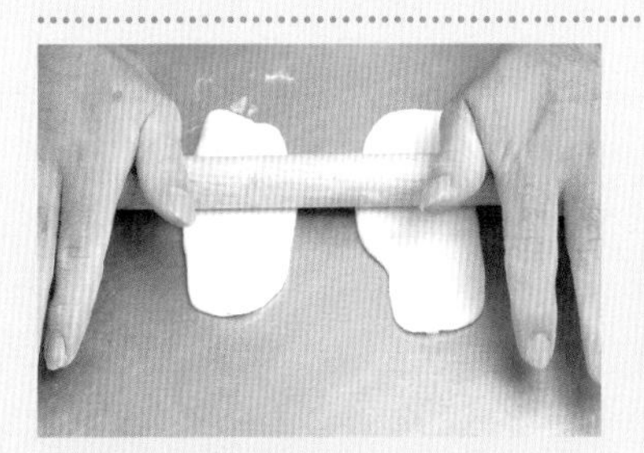

18、進行第二次擀捲。

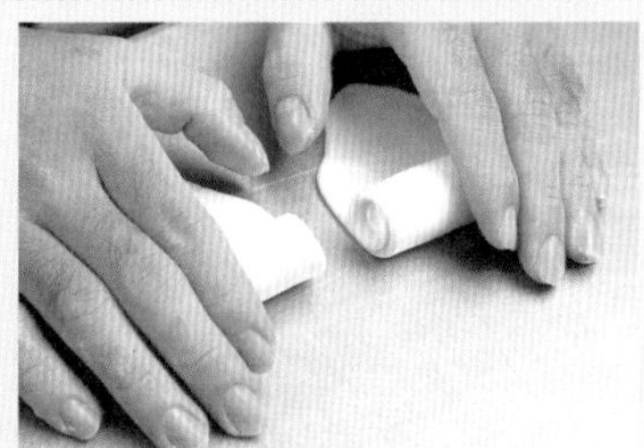

19、捲起

20、鬆弛備用。

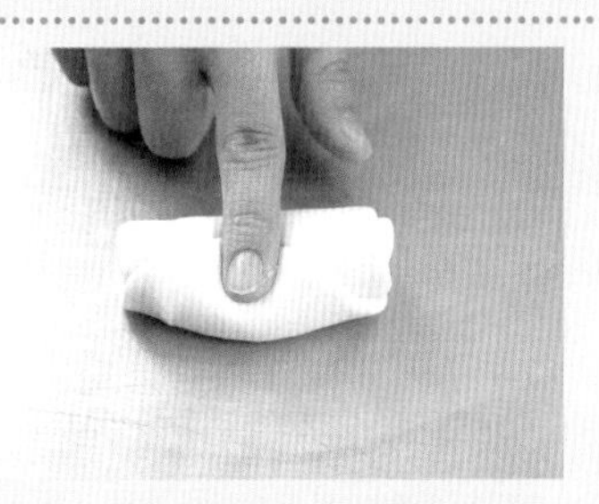

21、將擀好的油酥皮從中壓下。

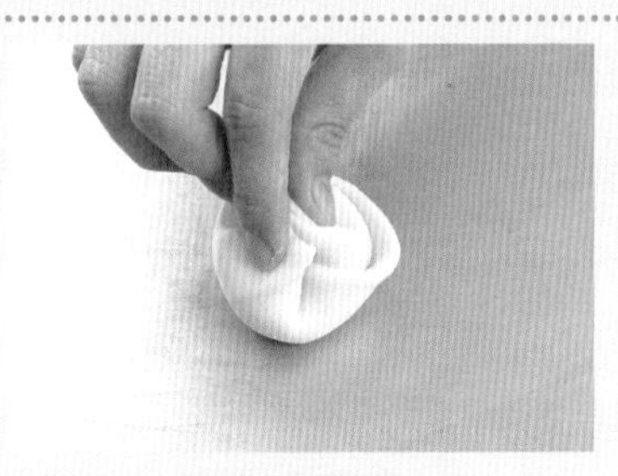

22、將四邊抓起。

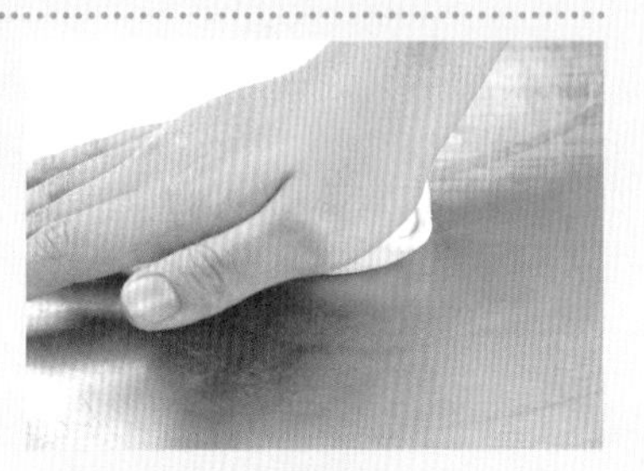

23、以手掌壓平。

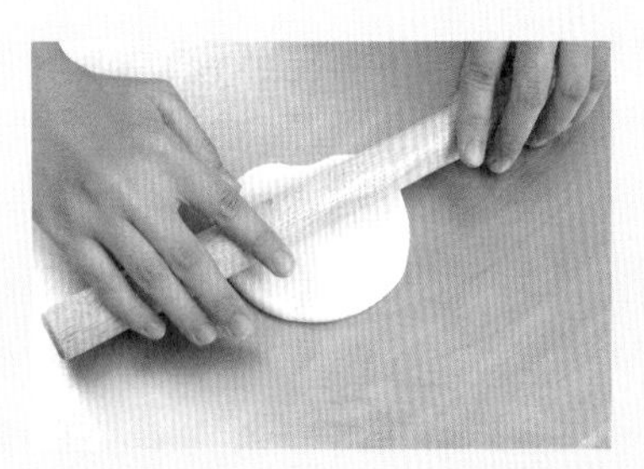

24、將油酥皮擀成圓形狀。

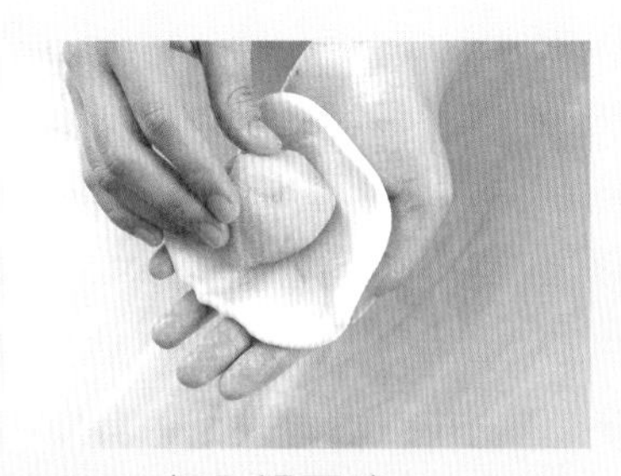

25、包入綠豆沙。

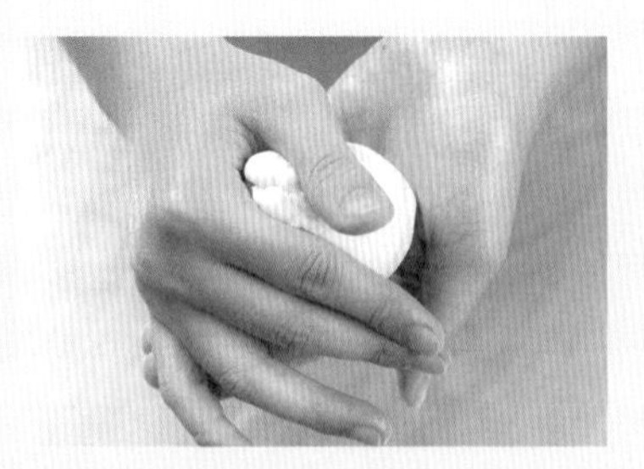

26、對包捏合成形。

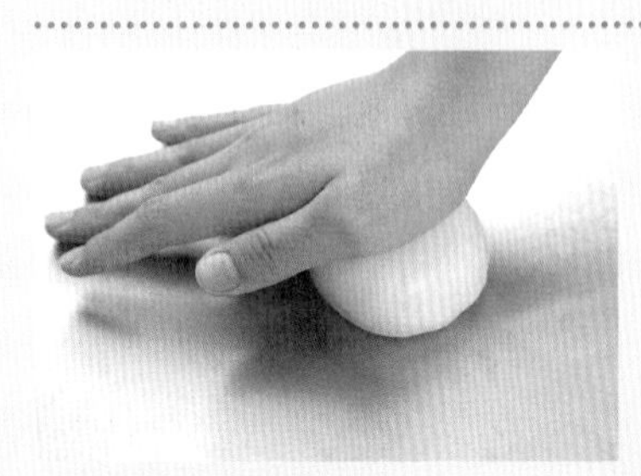

27、輕壓整形。

28、入烤箱，上火180℃／下火180℃，烤30分鐘。

29、完成品。

1. 綠豆椪的烤焙時，火力大小應如何調配？

 答

2. 製作好的綠豆椪，要如何保存呢？

 答

28. 鳳梨酥

小知識分享

鳳梨酥是臺灣的傳統糕點，主要原料為麵粉、奶油、糖、蛋、冬瓜醬。以冬瓜餡製作的鳳梨酥有蔬菜冬瓜清爽口感，也稱為冬瓜酥；以冬瓜餡混和鳳梨餡製作的鳳梨酥帶有鳳梨甜香，或稱為冬瓜鳳梨酥；以純土鳳梨製成的鳳梨酥，其酸度較高，又稱土鳳梨酥。

資料來源：https://zh.wikipedia.org/zh-tw

前置作業

酥皮材料	
低筋麵粉	200g
奶油	120g
糖粉	60g
全蛋	60g
泡打粉	2g
起司粉	10g

重量單位：公克

內餡材料	
鳳梨餡	310g

重量單位：公克

作法

1. 將酥皮材料加入鋼盆中拌勻，勿過度攪拌。
2. 將步驟 1 酥皮切割成 18g ／個及鳳梨餡 12g ／個，鳳梨餡包入酥皮中入模具成形。
3. 將步驟 2 酥皮，置入烤箱以上火 180℃／下火 180℃，烤 7 分鐘後，戴隔熱手套查看底部是否上色，如呈現金黃色即反面脫膜，續烤 6 分鐘，即完成。

製作步驟

1、將奶油、泡打粉、起司粉及糖粉放入攪拌缸，攪拌均勻。

2、加入蛋。

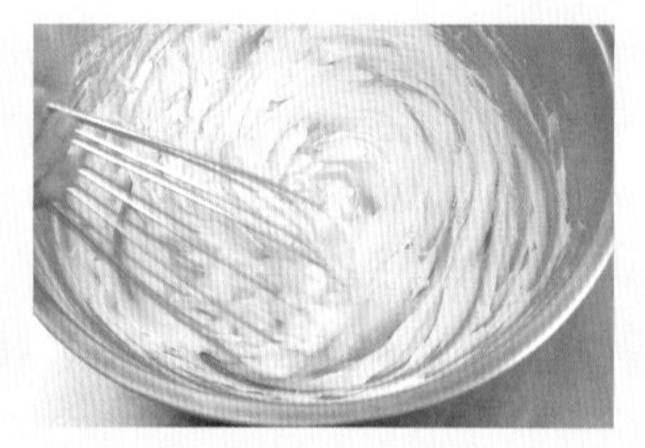

3、攪拌均勻。

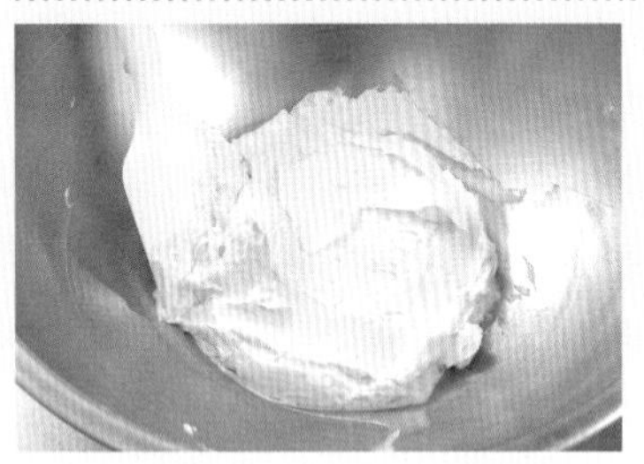

4、注意：請勿過度攪拌。

5、將低筋麵粉倒入。

6、與蛋油輕輕拌勻即可。

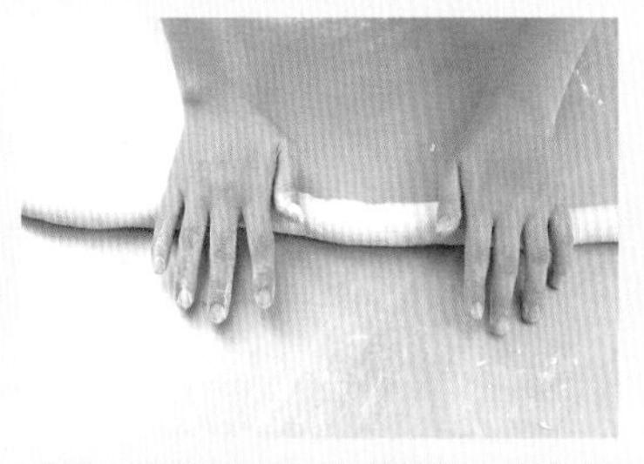

7、將拌好的麵糰，搓成長條狀。

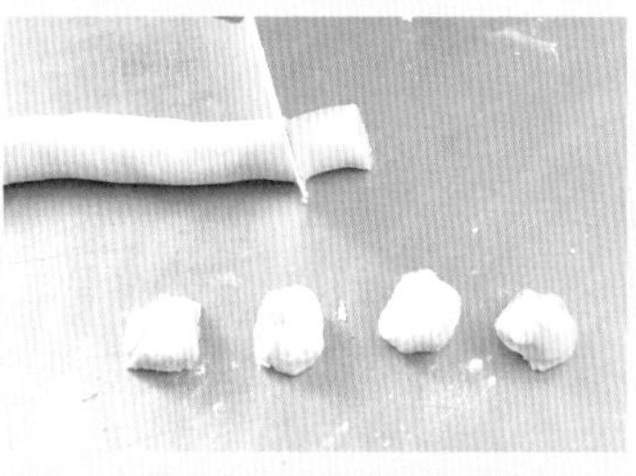

8、將酥皮切割每個18公克。

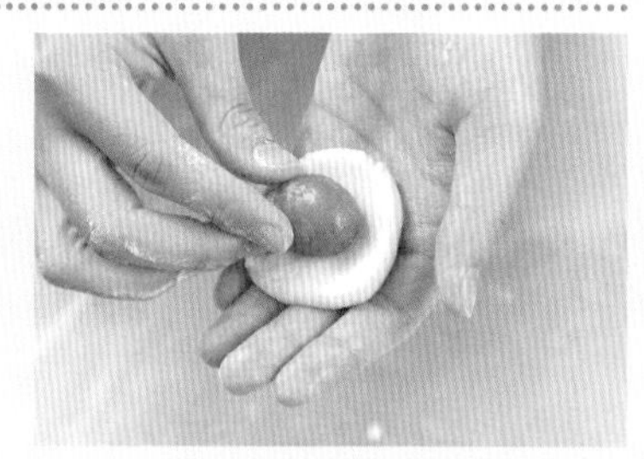

9、鳳梨內餡切割每個12公克。

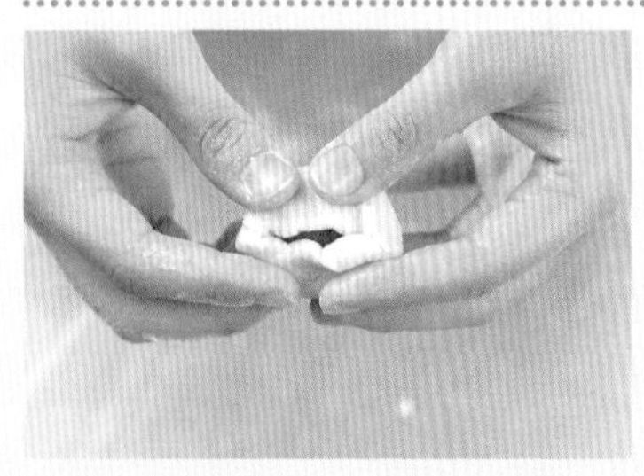

10、酥皮包入鳳梨內餡。

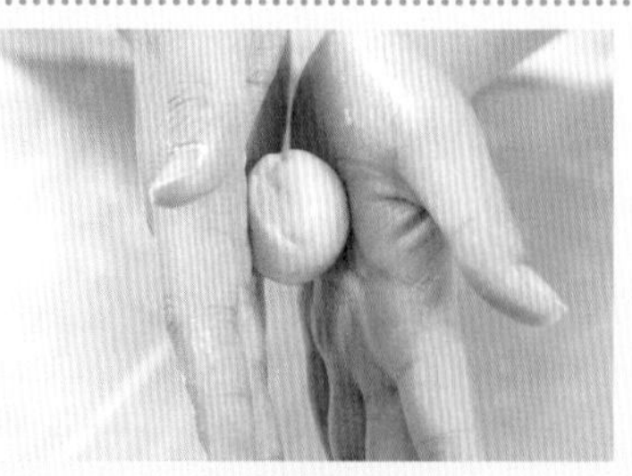

11、搓成圓形。

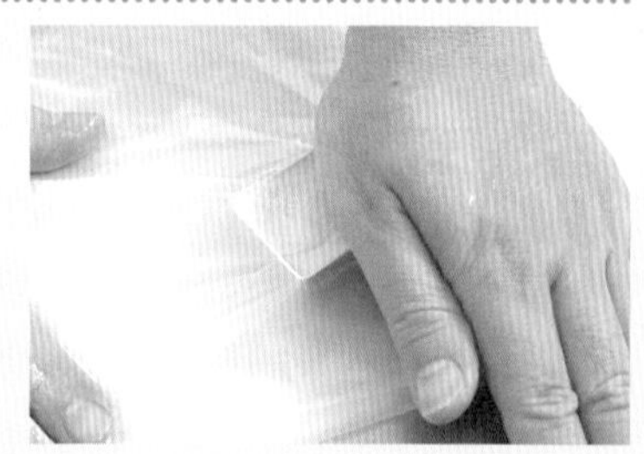

12、入模型中，輕壓。

13、入烤箱，上火180℃/下火180℃，先烤7分鐘。

14、戴隔熱手套查看底部是否上色。

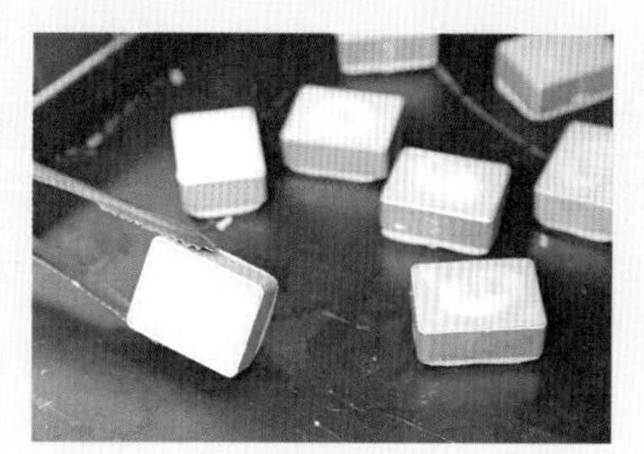

15、檢查底部是否上色，如已上色，翻面脫模，續烤6分鐘。

16、完成品。

職人延伸 Q&A

1. 鳳梨酥外皮酥鬆組織，最主要是添加了何種原料？

答

2. 製作鳳梨酥時，何種材料可使產品組織酥鬆及增加體積？

答

29. 椰漿芋頭西米露

小知識分享

西米又稱西谷米、碩硪米（Sago），是由幾種棕櫚樹樹幹內所儲碳水化合物製造的食用澱粉；原料主要來自西米椰屬棕櫚，尤其是原產於印度尼西亞群島的西穀椰子（學名：Metroxylon sagu）。

資料來源：https://zh.wikipedia.org/zh-tw

前置作業

材料

芋頭	1 個
椰漿	1 瓶
細砂糖	200g
鮮奶	250g
鮮奶油	100g
西谷米	300g
水	1000g

重量單位：公克

作法

1. 芋頭去皮切片放入蒸籠中蒸熟，冷卻後放入果汁機中，加水攪拌成芋頭泥。
2. 將芋頭泥加入椰漿、細砂糖、鮮奶煮開，冷卻後加入鮮奶油拌均即可。
3. 取一鍋加水煮開。再放入西谷米煮至透明狀泡水冷卻。
4. 將西谷米加入芋頭湯，即完成。

製作步驟

1、芋頭去皮切片蒸熟再放入果汁機中加水攪拌成芋頭泥。

2、將芋泥倒入鍋中，加水、一半細砂糖。

3、攪拌均勻。

4、起湯鍋加入芋泥。

5、加入椰漿、細砂糖、鮮奶。

6、攪拌均勻，煮沸。

7、待冷卻後，加入鮮奶油，即完成芋泥湯。

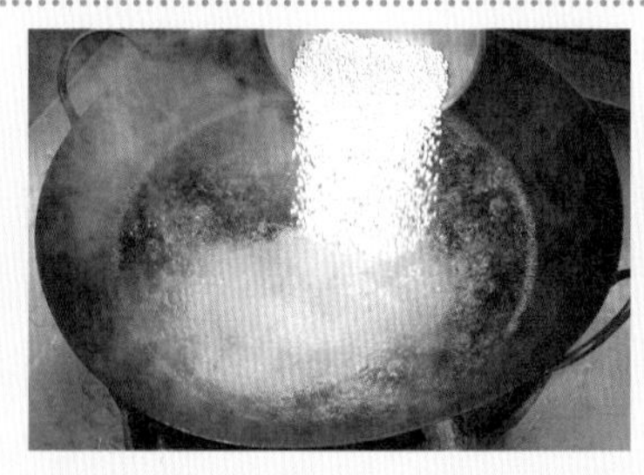

8、煮一鍋水，待水煮沸。

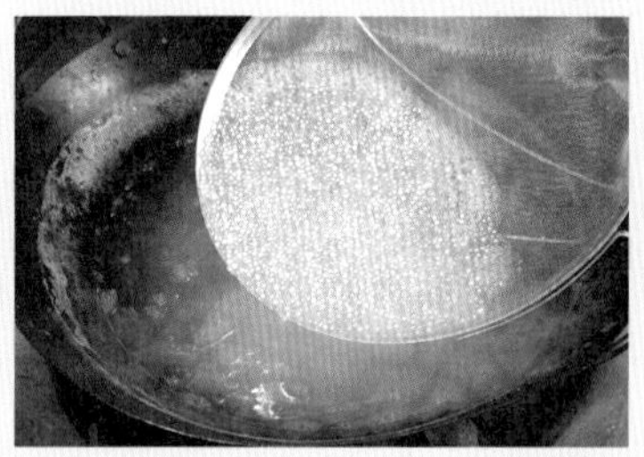

9、加入西谷米，煮至透明狀，撈起加冰塊冷卻。

10、將西谷米加入芋泥湯，即完成。

職人延伸 Q&A

1. 西谷米煮熟過程中，最重要的關鍵為何？

 答

2. 芋頭的分類品項為何，請簡述分布？

 答

MEMO

PART

04

西式點心實務操作

麵包類

蛋糕類

01. 熊掌卡士達

小故事分享

在日本，以前麵包是飽足感的硬麵包為主，沒有像現在有各種餡料的軟麵包。中村屋的創業者相馬愛藏在 20 世紀初開發了克林姆麵包也就是卡士達麵包。

資料來源：https://www.juksy.com/article/113803

前置作業

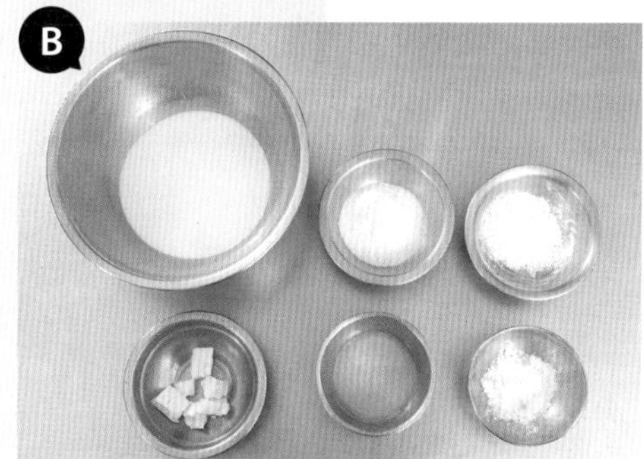

A. 麵糰材料

高筋麵粉	1000g
糖	120g
鹽	10g
奶粉	30g
蛋黃	50g
水	560g
酵母粉	10g
奶油	180g

重量單位：公克

B. 內餡材料

牛奶	500g
蛋黃	100g
糖	130g
低筋麵粉	20g
玉米粉	20g
奶油	38g
香草精	適量

重量單位：公克

*香草精僅為增加風味，可依個人喜好調整，可用半支香草莢替代。

作法

1. 將麵糰所有材料放入攪拌缸混和攪拌，奶油不用加入。
2. 攪拌至擴展階段加入奶油，注意奶油分兩次加入，再攪拌至完全擴展階段，攪拌完成的麵糰溫度為 26℃。
3. 將麵糰放入發酵箱進行基本發酵 50 分鐘。
4. 將麵糰分割 60 克數份，滾圓。
5. 將麵糰置入發酵箱鬆弛 20 分鐘。

＊麵糰製作法，請見 P.2。

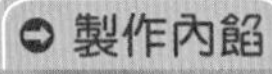

1、放入細砂糖、篩過的低筋麵粉、玉米粉。

2、混和均勻。

3、加入蛋黃液、香草精混和成麵糊備用。

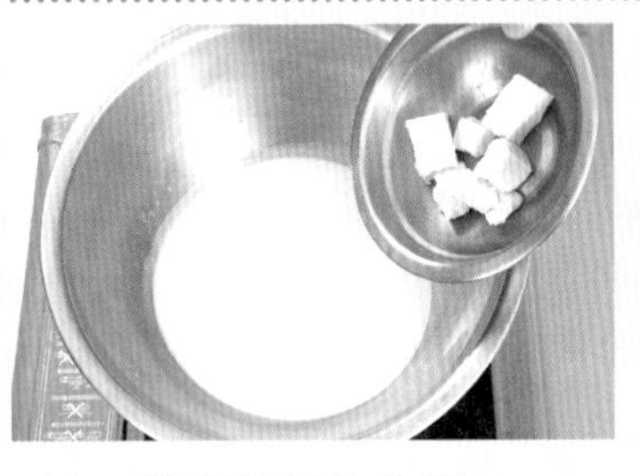

4、將奶油加入牛奶。

5、煮沸。

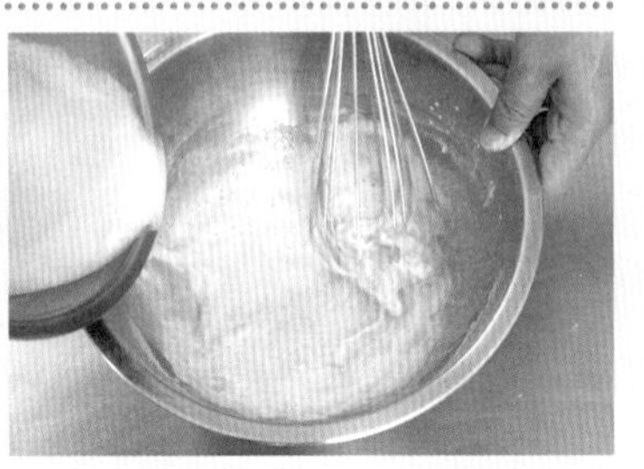

6、將煮沸牛奶沖入麵糊中。

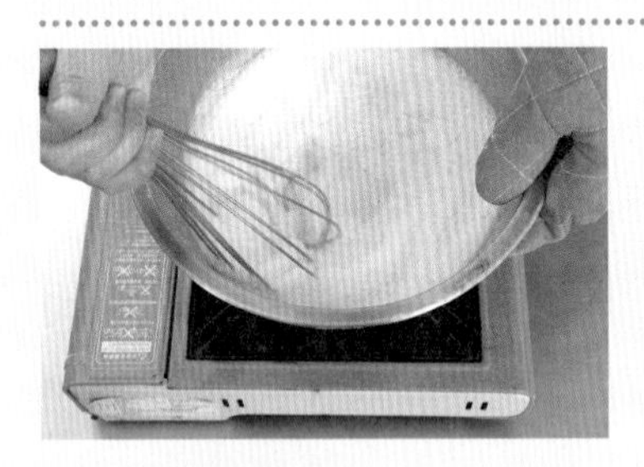

7、持續加熱。

8、攪拌至糊化濃稠狀即可，冰冷藏，備用。

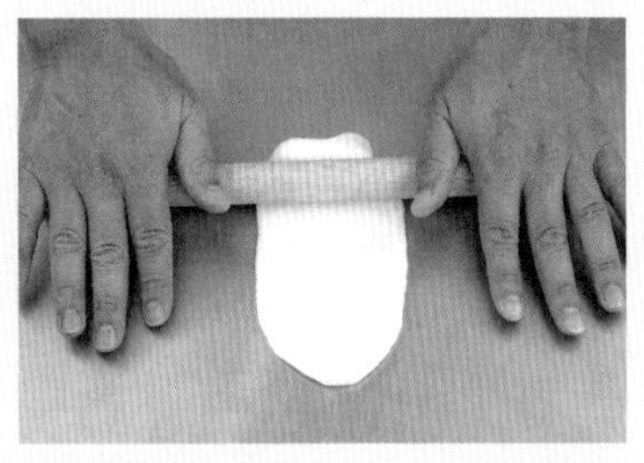

9、取出麵糰，用手掌壓平成圓扁狀，用擀麵棍擀成長橢圓型扁平狀。

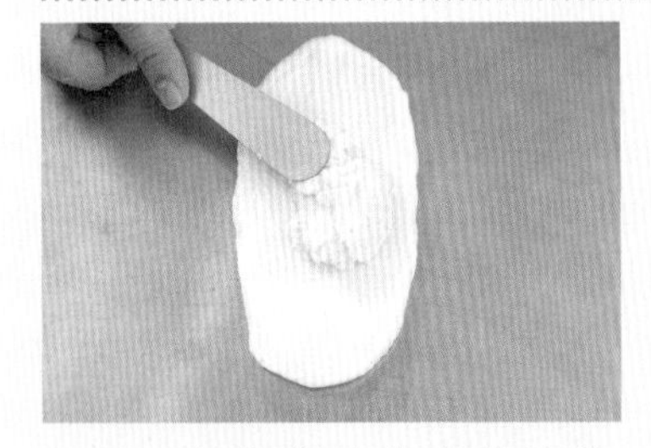

10、於麵糰中心處放入參考比例約為45克卡士達餡。

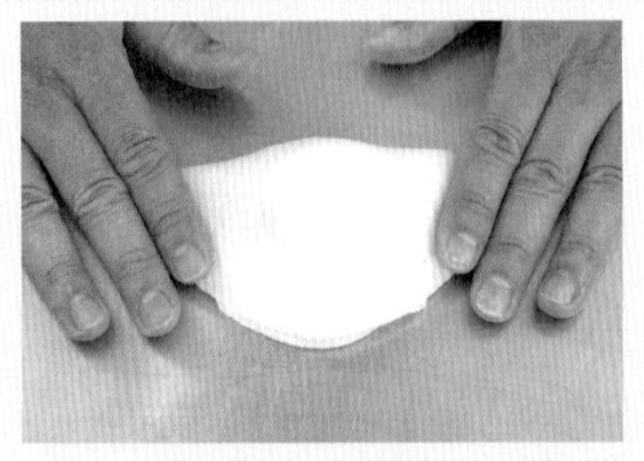

11、拉起上端麵皮，將卡士達餡完整包裹於麵糰之中。

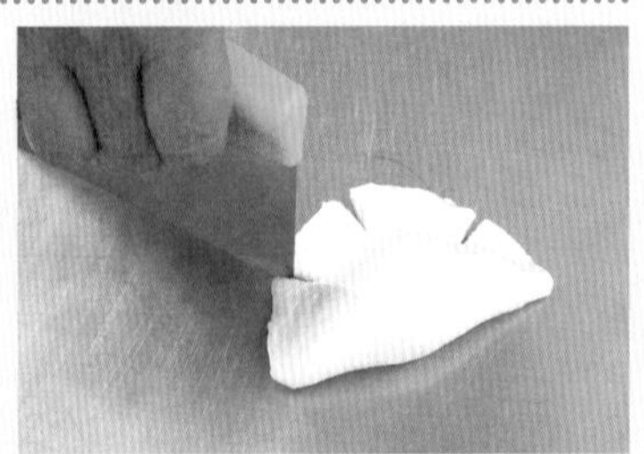

12、此時麵糰呈現為半圓形，以切麵刀於圓弧端處分切三刀。

13、切割長度約麵糰三分之一長，進行最後發酵40分鐘。

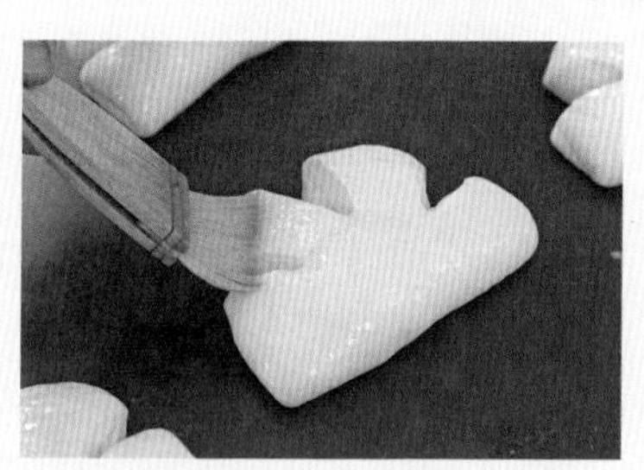

14、麵糰最後發酵完成，於麵糰表面刷上蛋液。

15、將麵糰放入烤箱烤焙，溫度上火230℃／下火190℃，烤焙時間約12分鐘。

16、完成品。

職人延伸 Q&A

1. 烘焙產品烤焙的焦化程度與哪些因素有關？

答

2. 製作卡士達餡為何牛奶需煮沸？

答

02. 手撕奶香包

小故事分享

起源於丹麥，市面上的手撕麵包都會加上「丹麥」，「丹麥」手撕麵包是以一層一層的撕著吃的，吃起來口感酥軟，也有香脆感。

資料來源：https://ek21.com/news/tech/129011/

麵糰材料

高筋麵粉	1000g
糖	120g
鹽	10g
奶粉	30g
蛋黃	50g
水	560g
酵母粉	10g
奶油	180g

重量單位：公克

內餡材料

有鹽奶油	300g

重量單位：公克

作法

1. 將麵糰所有材料放入攪拌缸混和攪拌，奶油不用加入。
2. 攪拌至擴展階段加入奶油，注意奶油分兩次加入，再攪拌至完全擴展階段，攪拌完成的麵糰溫度為 26℃。
3. 將麵糰放入發酵箱進行基本發酵 50 分鐘。
4. 將麵糰分割 80 克數份，滾圓。
5. 將麵糰置入發酵箱鬆弛 20 分鐘。

製作步驟

＊麵糰製作法，請見 P.2。

1、將麵糰摺成長橢圓型。

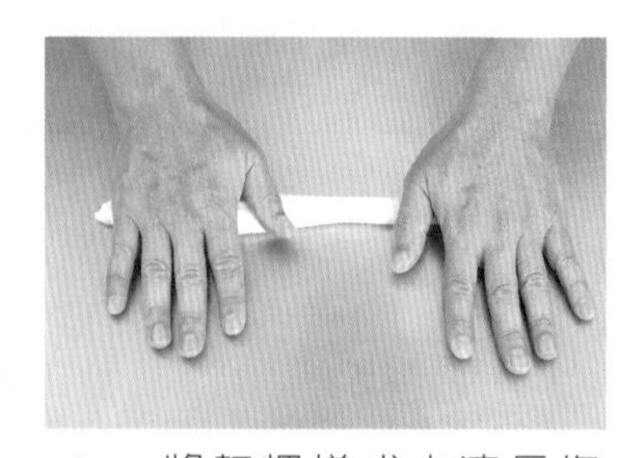

2、將麵糰搓成水滴長條狀。

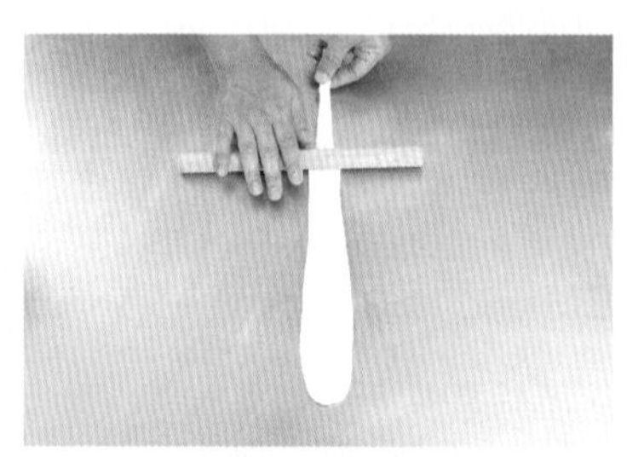

3、以擀麵棍將麵糰擀成長型扁平狀，長度約40~50公分。

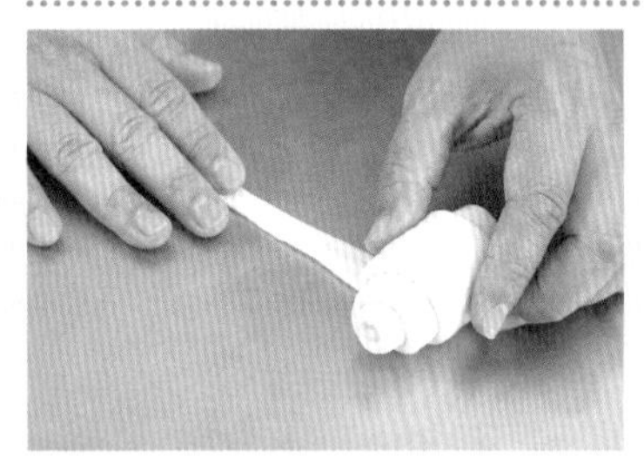

4、由上往下捲起。

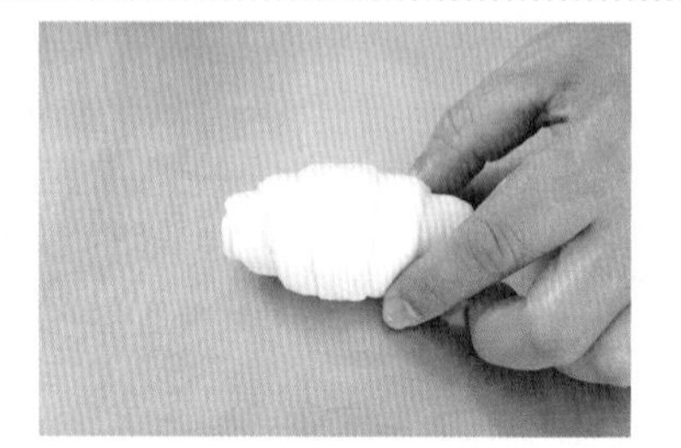

5、左右兩邊要對稱，捲成可頌狀。

6、整型完成後，將麵糰放置發酵箱進行最後發酵60分鐘。

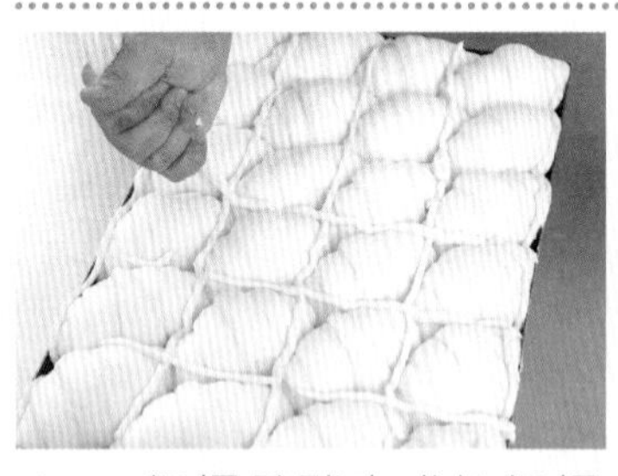

7、麵糰發酵完成於麵糰表面刷上蛋液，在麵糰接縫處擠上有鹽奶油。

8、以上火170℃ / 下火190℃，烤焙25~30分鐘。

9、完成品。

職人延伸 Q&A

1. 溶解酵母粉的水溫最好採用幾度？

答

2. 麵糰內糖的用量如超過了多少比例 (%)，酵母的醱酵作用即會受到影響？

答

3. 新鮮酵母含水量比例約為多少 (%) ？

答

03. 鹽可頌

小故事分享

奧地利公主瑪麗．安托瓦內特，於 18 世紀 70 年代嫁到法國，將牛角（可頌）麵包正式的帶入法國，作法是使用大量奶油烘烤、呈現酥皮和奶香味的歐式麵包，一般歐式早餐為麵包選項之一；本製品是以鹽與奶油麵包結合，做成可頌形狀，故稱鹽可頌。

資料來源；https://zh.wikipedia.org/ 可頌麵包

前置作業

麵糰材料

高筋麵粉	1000g
砂糖	50g
鹽	15g
全蛋	1 個
奶粉	20g
酵母粉	10g
水	620g
無鹽奶油	50g

重量單位：公克

內餡材料

有鹽奶油	10g

重量單位：公克

作法

1. 將麵糰所有材料放入攪拌缸混和攪拌，奶油不用加入。
2. 攪拌至擴展階段加入奶油，再攪拌至完全擴展階段，攪拌完成的麵糰溫度為 26℃。
3. 將麵糰放入發酵箱進行基本發酵 50 分鐘。
4. 將麵糰分割 60 克數份，滾圓。
5. 將麵糰置入發酵箱鬆弛 20 分鐘，再冷藏 10 分鐘。

製作步驟

＊麵糰製作法，請見 P2。

1、將麵糰摺成長橢圓型。

2、將麵糰搓成水滴長條狀。

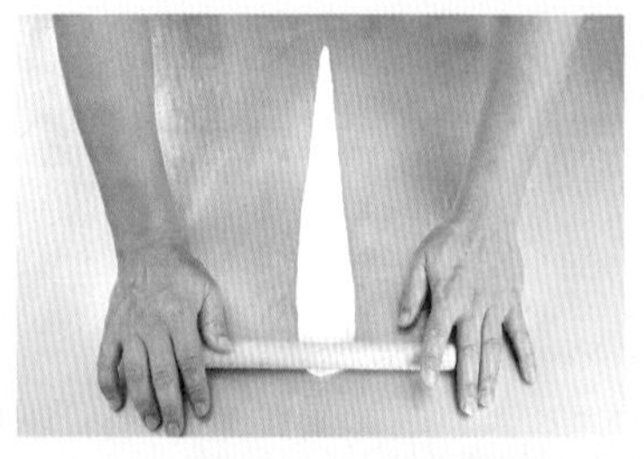

3、以擀麵棍將麵糰擀成長型扁平狀。

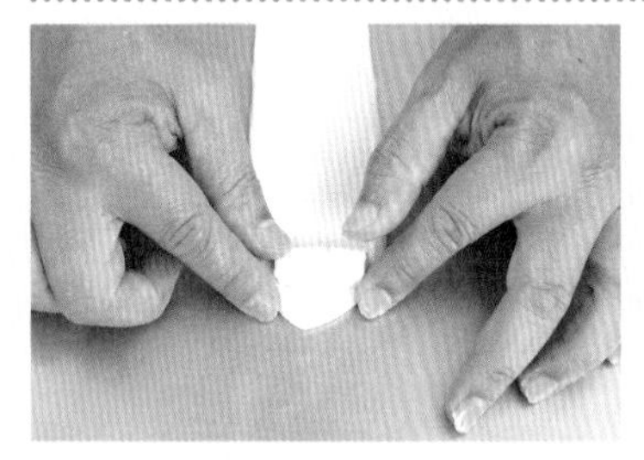

4、奶油置中，包入10克長條狀有鹽奶油。

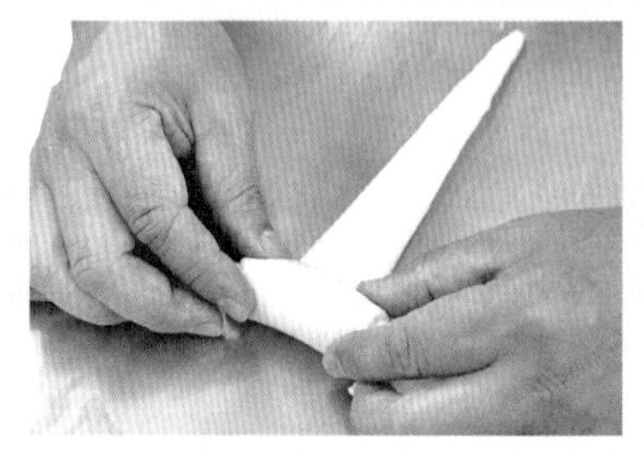

5、由上往下捲起，左右兩邊要對稱。

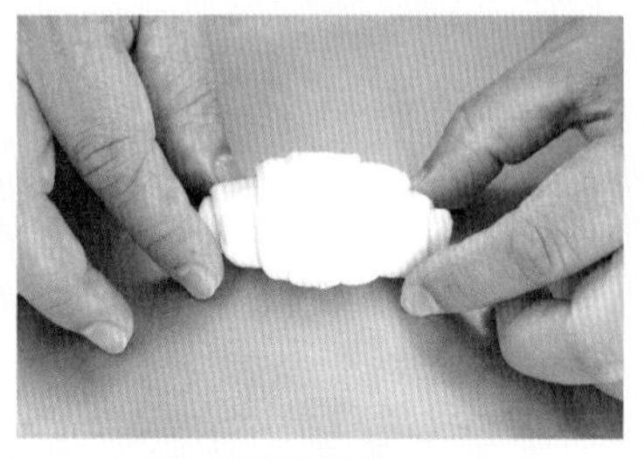

6、捲成可頌狀。

7、整型完成後，將麵糰放置發酵箱進行最後發酵40分鐘。

8、麵包噴水，中心點撒上海鹽。

9、入烤箱，上火250℃／下火190℃，噴蒸氣3秒，烤焙9~11分鐘。

10、完成品。

職人延伸 Q&A

1. 全麥麵粉中麩皮所占的重量百分比為多少？

答

2. 已經有油耗味的核桃要如何處理？

答

3. 快速酵母粉的使用量為新鮮酵母的多少倍？

答

04. 起士球

小故事分享

巴西起司麵包來自於非洲奴隸食品，是巴西的傳統點心和早餐，食譜起源於 Minas Gerais（米納斯吉拉斯州省），現成為街頭小販、雜貨店、超市常備的麵包種類。

資料來源：https://cookpad.com/tw/

前置作業

A. 麵糰材料	
高筋麵粉	1000g
砂糖	50g
鹽	15g
全蛋	1 個
奶粉	20g
酵母粉	10g
水	620g
無鹽奶油	50g

重量單位：公克

B. 內餡材料
乳酪絲
切達高熔點乳酪丁

重量單位：公克

作法

1. 將麵糰所有材料放入攪拌缸混和攪拌，奶油不用加入。
2. 攪拌至擴展階段加入奶油，再攪拌至完全擴展階段，攪拌完成的麵糰溫度為 26℃。
3. 將麵糰放入發酵箱進行基本發酵 50 分鐘。
4. 將麵糰分割 100 克數份，滾圓。
5. 將麵糰置入發酵箱鬆弛 20 分鐘。

製作步驟

＊麵糰製作法，請見 P.2。

1、以手掌心下壓麵糰，使麵糰呈圓型扁平，排出約三分之一氣體。

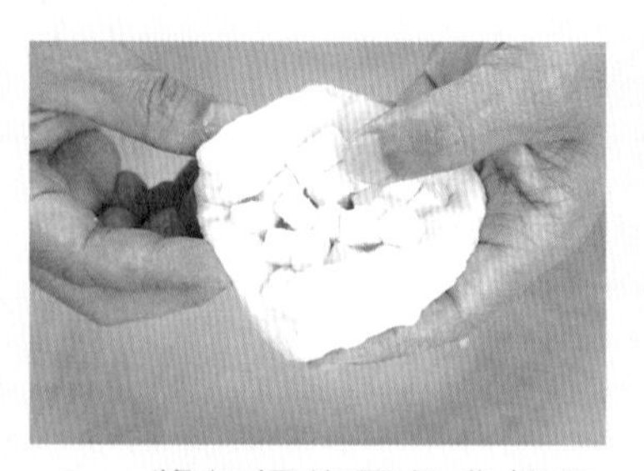

2、將麵糰放置於非慣用手手心，於麵皮中心位置將餡料包入30克切達高熔點乳酪丁。

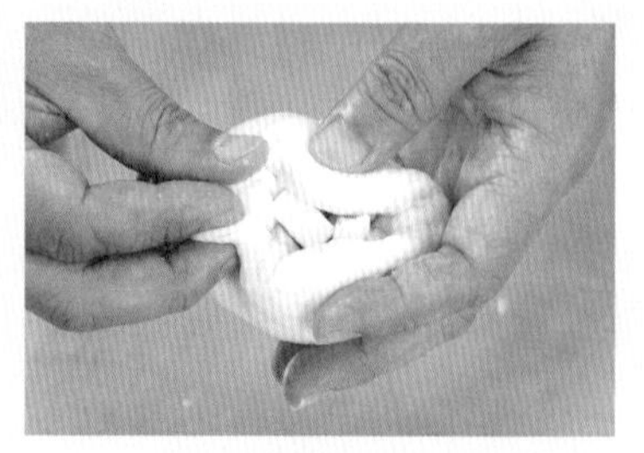

3、順著填餡時所產生的凹槽，將麵皮周圍收束連接，形成一個圓球體麵糰，接口處邊以指尖捏緊。

4、捧著麵糰的手一邊旋轉，最後麵糰接口處呈現如包子尖端般的接口。

5、包好內餡麵糰，呈現圓型挺立飽滿形狀。

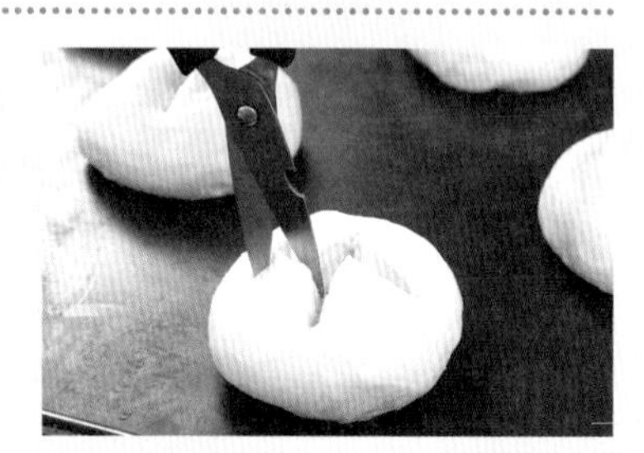

6、整形完成後，靜置，進行最後發酵40鐘。用剪刀於麵糰上方中心處，剪出一個十字形開口，需分3次剪開避免開口又密合。

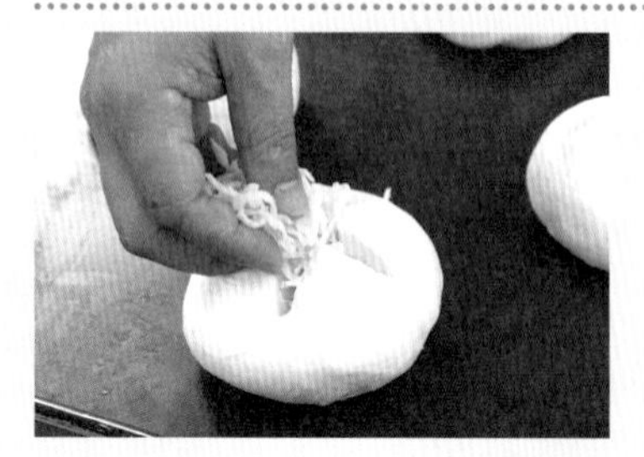

7、烤前裝飾。於麵糰開口處，塞入10公克乳酪絲。

8、將麵糰放入烤箱，溫度上火240℃／下火190℃，噴蒸氣3秒鐘，烤焙時間約14分鐘。

9、完成品。

1. 硬式麵包的產品特性有哪些？

 答

2. 一顆小麥中胚芽所占的重量百分比約為多少？

 答

4. 麵粉俗稱之「統粉」是指什麼？

 答

05. 醇奶吐司

小故事分享

吐司是法國人 Grard Depardieu 於 1491 年發明的，他在吐司上放了奶酪獻給國王吃；國王吃了之後，非常滿意覺得很美味，並為這種麵包命名為「吐司」(Toast)。 Toast 是這位國王的女兒的名字，因此，就有了吐司的名稱

資料來源：https://kknews.cc/food/qb3onb.html

前置作業

麵糰材料	
高筋麵粉	1000g
酵母粉	15g
鹽	18g
糖	120g
水	420g
煉乳	80g
動物性鮮奶油	120g
原味優格	100g
奶油	100g

重量單位：公克

作法

1. 將麵糰所有材料放入攪拌缸混和攪拌，奶油不用加入。
2. 攪拌至擴展階段加入奶油，再攪拌至完全擴展階段，攪拌完成的麵糰溫度為 26℃。
3. 將麵糰放入發酵箱進行基本發酵 50 分鐘。
4. 將麵糰分割 225 克數份，滾圓。
5. 將麵糰置入發酵箱鬆弛 20 分鐘。

製作步驟

＊麵糰製作法，請見 P2。

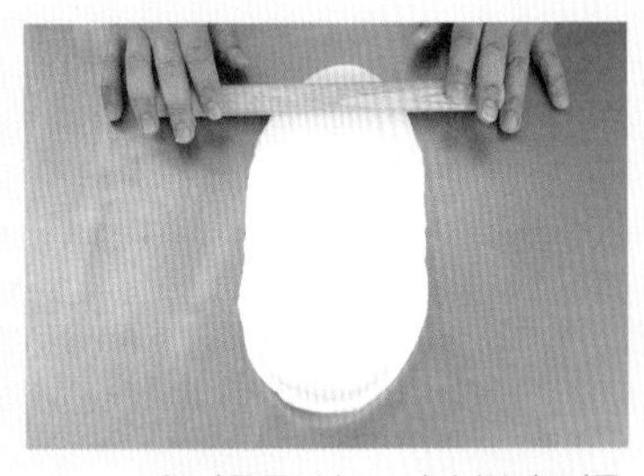

1、麵糰取出，以擀麵棍擀成長型扁平狀。

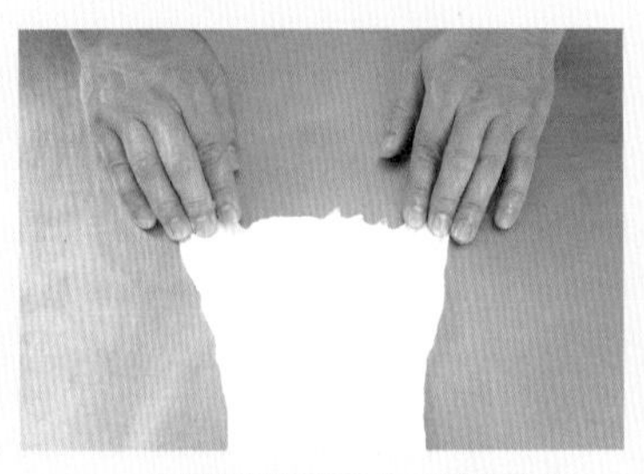

2、將麵糰翻面底部壓薄。

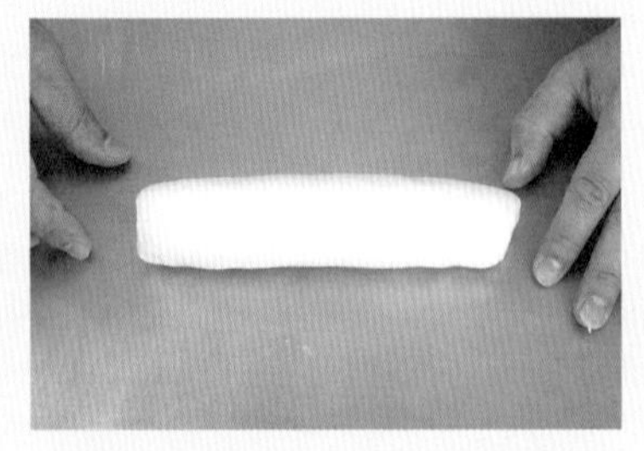

3、由上往下捲成長條狀，放置發酵室，進行中間發酵15分鐘。

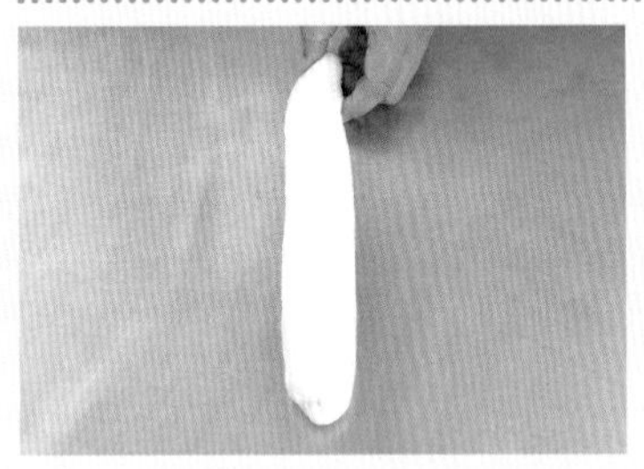

4、取出麵糰直放於桌面。

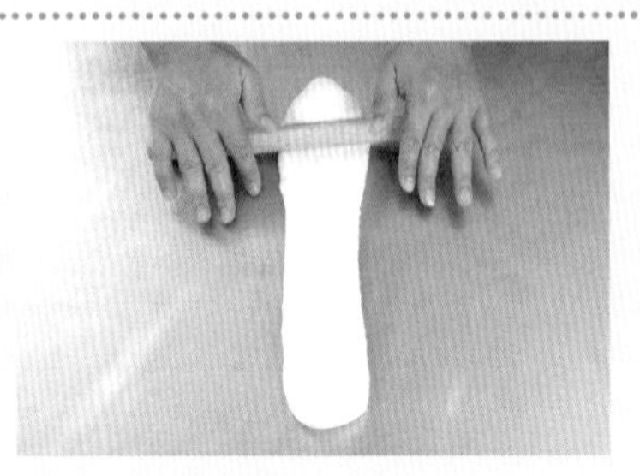

5、將麵糰擀成扁平狀。

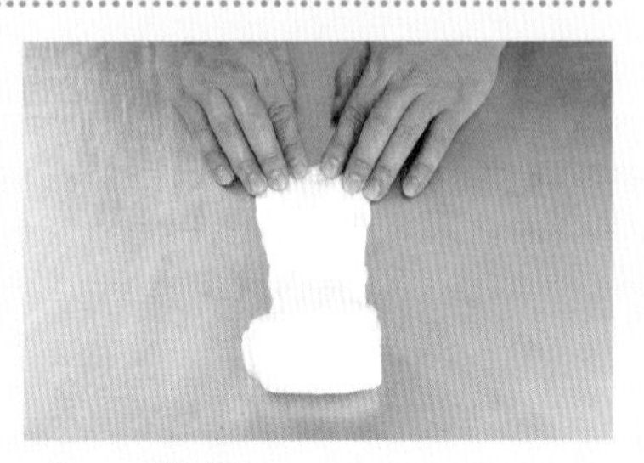

6、捲起。

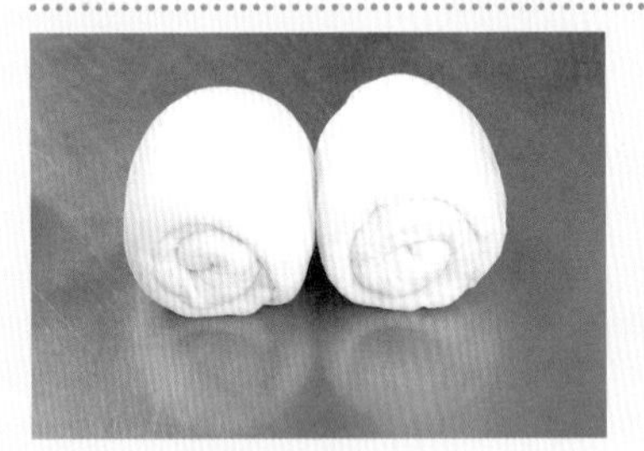

7、麵糰成圓柱型。

8、將麵糰兩顆一份放入吐司模，放回發酵室進行最後發酵50分鐘。

9、發酵完成的麵糰膨脹高度約吐司模的8.5分滿，將麵糰放入烤箱烤焙，溫度上火160℃／下火250℃，烤焙時間約28分鐘。

10、完成品。

1. 小麥胚芽中含有多少比例 (%) 的蛋白質？

答

2. 麵糰放入吐司模具之排列要領，例舉 2 項。

答

06. 白醬枝豆麵包

小故事分享

白醬又名貝夏媚醬 (sauce béchamel)，據傳因為路易十四總管貝夏媚侯爵 (Louis de Béchameil) 改良了克塞萊侯國的廚師弗朗索瓦·皮埃爾·德拉瓦雷納（1615~1678 年）用奶油製作的醬。使用「低筋麵粉」跟「油脂」約莫一比一的比例，混和之後煮成，熄火時再加入牛奶，且可依個人的喜好斟酌調整。Béchamel 已成為傳統法式料理烹飪中的五大「母醬」(sauces méres) 其中之一。

資料來源：https://vocus.cc/article/615e3d34fd89780001b50128

前置作業

A. 麵糰材料

高筋麵粉	1000g
酵母粉	15g
鹽	18g
糖	120g
水	420g
煉乳	80g
動物性鮮奶油	120g
原味優格	100g
奶油	100g

重量單位：公克

B. 奶油白醬材料

奶油	50g
低筋麵粉	30g
鮮奶	300g
黑胡椒	2g
鹽	2g

重量單位：公克

C. 配料

熟枝豆仁（毛豆）	30g
乳酪絲	10g

重量單位：公克

＊白醬已事先做好。

作法

1. 將麵糰所有材料放入攪拌缸混和攪拌，奶油不用加入。
2. 攪拌至擴展階段加入奶油，再攪拌至完全擴展階段，攪拌完成的麵糰溫度為 26℃。
3. 將麵糰放入發酵箱進行基本發酵 50 分鐘。
4. 將麵糰分割 60 克數份，滾圓。
5. 將麵糰置入發酵箱鬆弛 20 分鐘。

＊麵糰製作法，請見 P.2。

➲ 製作奶油白醬

1、奶油加熱至110℃，加入低筋麵粉。

2、持續攪拌至糊化，備用。

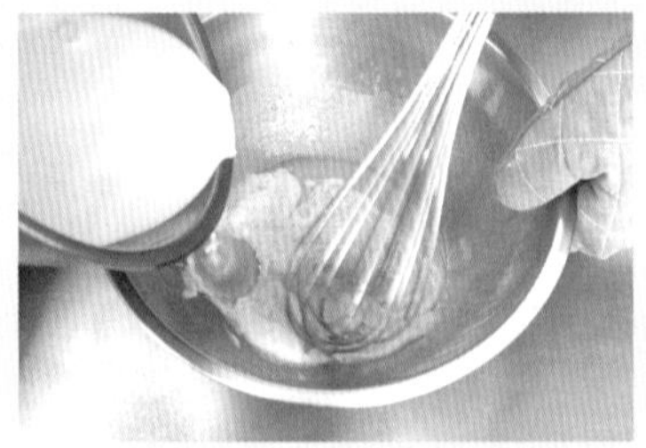

3、將煮沸鮮奶沖入奶油糊中。

4、持續加熱攪拌至糊化濃稠狀，再加入黑胡椒粒及鹽巴調味，備用。

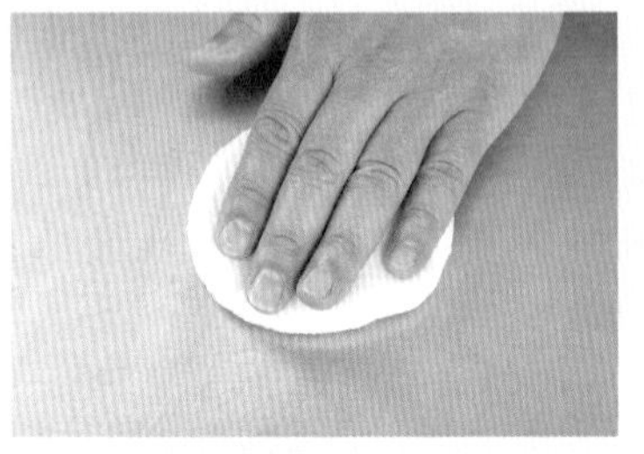

5、麵糰取出，用手掌壓平成圓扁狀。

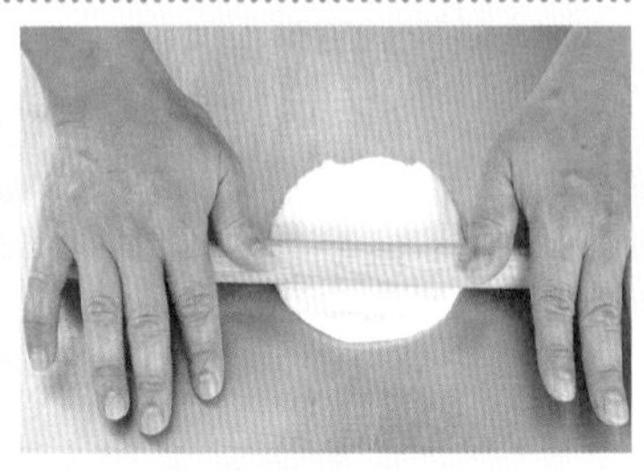

6、用擀麵棍擀成圓型扁平狀。

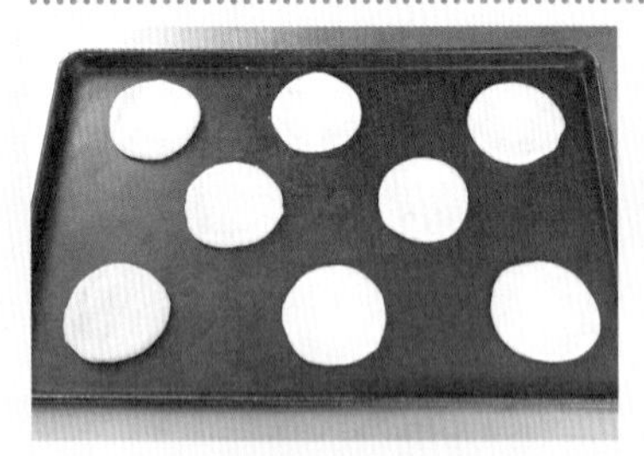

7、放置發酵室，進行最後發酵35分鐘。

8、烘烤前裝飾，擠上適量奶油白醬。

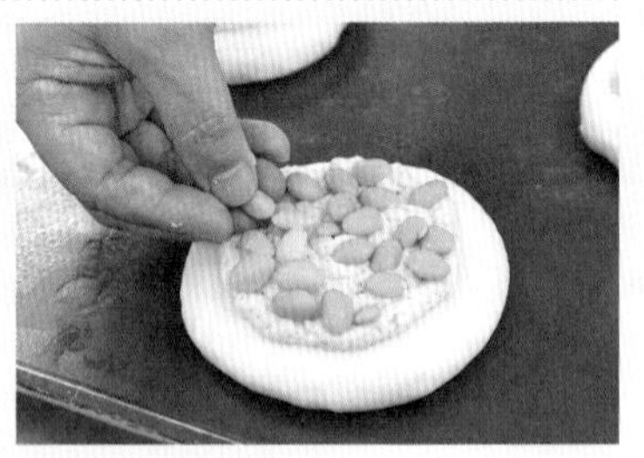

9、鋪上枝豆。

10、鋪上乳酪絲。

11、最後再灑上適量黑胡椒粒。

12、入烤箱，溫度上火240℃ / 下火190℃，烤焙約12分鐘。

13、完成品。

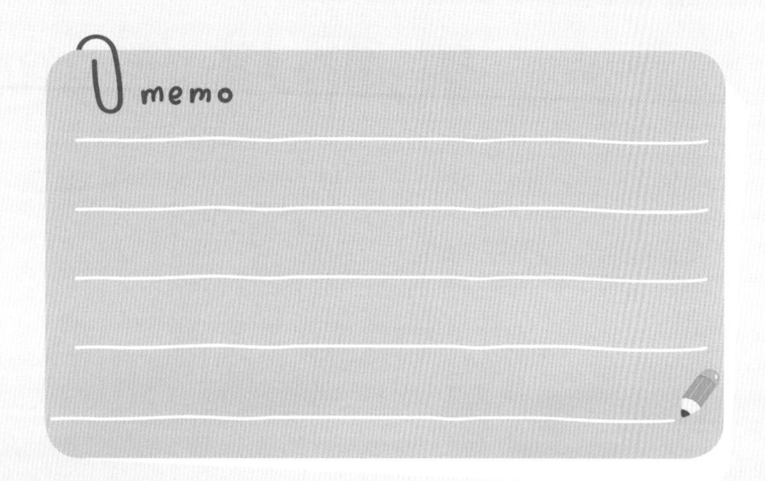

職人延伸 Q&A

1. 製作奶油白醬加熱至糊化之目的為何？

答

2. 麵糰進行鬆弛之目的，請例舉兩項。

答

麵包類

07. 乳酪培根麵包

小故事分享

培根(Bacon)是一種西式鹽醃豬肉。「培根」是音譯，因為大部分種類為燻製，所以也可以意譯為煙肉、燻肉或鹹肉，經常置於麵包中做為內餡，以增加風味。

資料來源：https://zh.wikipedia.org/zh-tw

前置作業

A. 麵糰材料

高筋麵粉	1000g
鹽	10g
糖	180g
酵母粉	10g
蛋	2 個
奶粉	30g
水	540g
奶油	100g

重量單位：公克

B. 配料

培根	20 條
奶油乳酪	150g
乳酪絲	150g
沙拉	150g
洋蔥	半個
玉米粒	半罐

重量單位：公克

作法

1. 將麵糰所有材料放入攪拌缸混和攪拌，奶油不用加入。
2. 攪拌至擴展階段加入奶油，再攪拌至完全擴展階段，攪拌完成的麵糰溫度為 26℃。
3. 將麵糰放入發酵箱進行基本發酵 50 分鐘。
4. 將麵糰分割 70 克數份，滾圓。
5. 將麵糰置入發酵箱鬆弛 20 分鐘。

製作步驟

＊麵糰製作法，請見 P2。

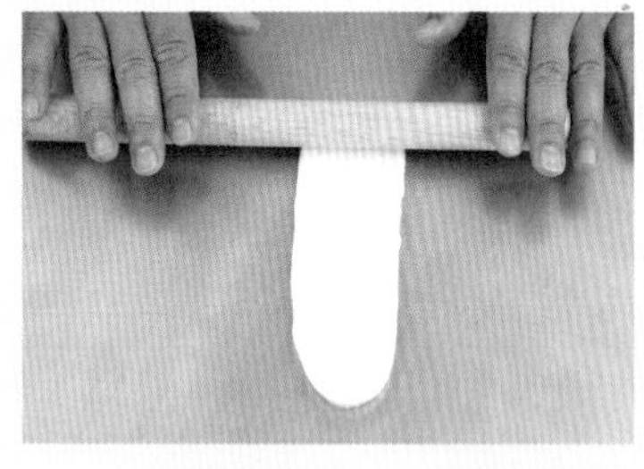

1、麵糰取出，用擀麵棍擀成長橢圓型扁平狀。

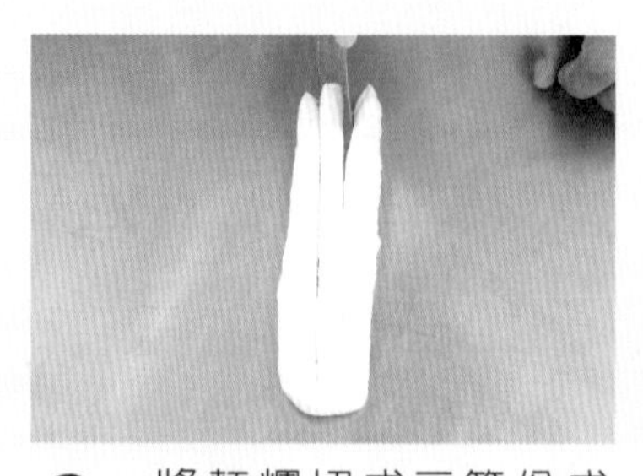

2、將麵糰切成三等份成條狀。

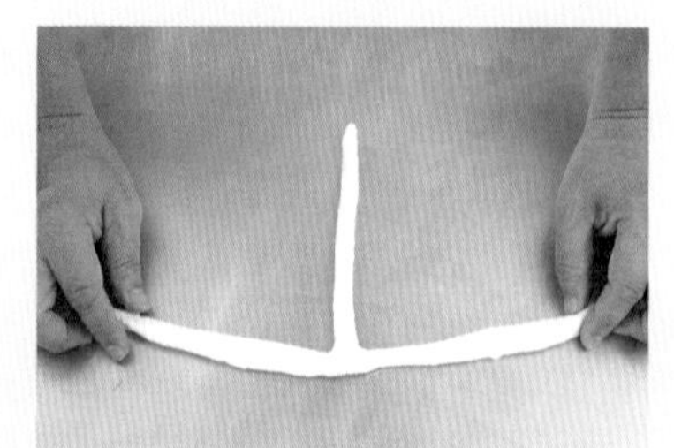

3、將三條麵糰分開成T字形。

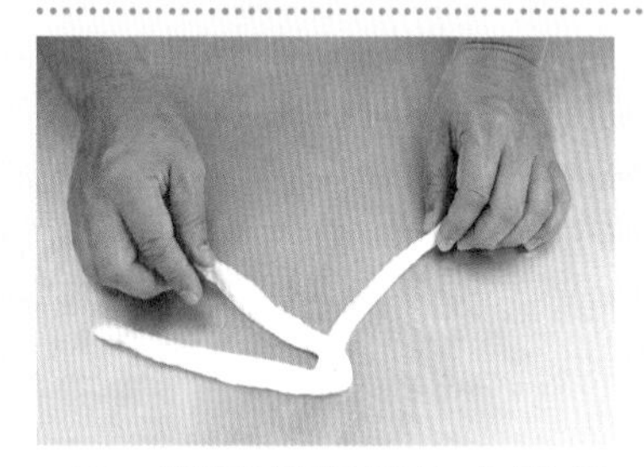

4、將兩側麵糰往中間麵糰反覆交疊。

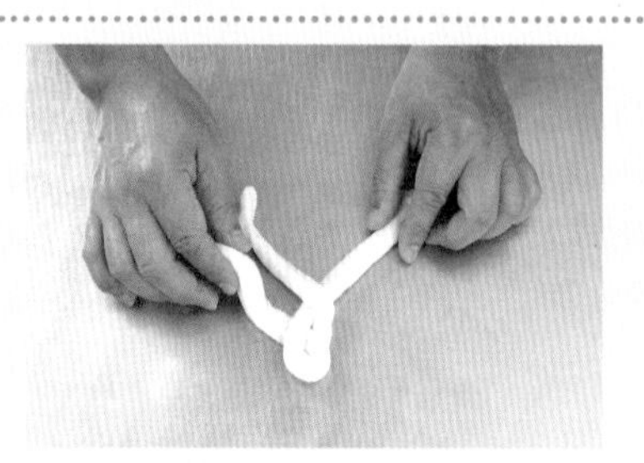

5、左右交疊，反覆動作。

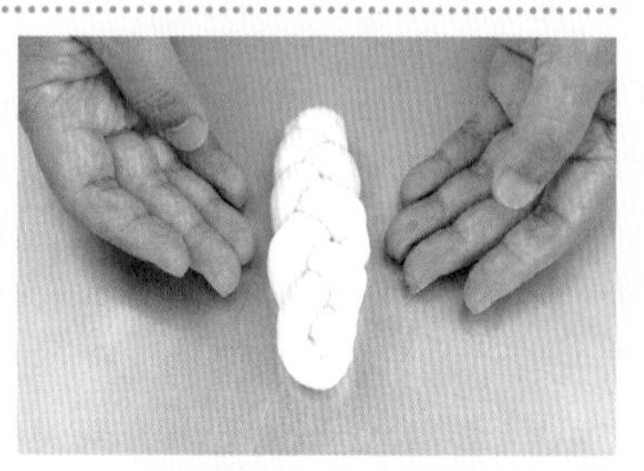

6、交疊成三辮造型，進行最後發酵。

7、麵糰最後發酵完成，取出麵糰表面刷上蛋液，依序鋪上洋蔥。

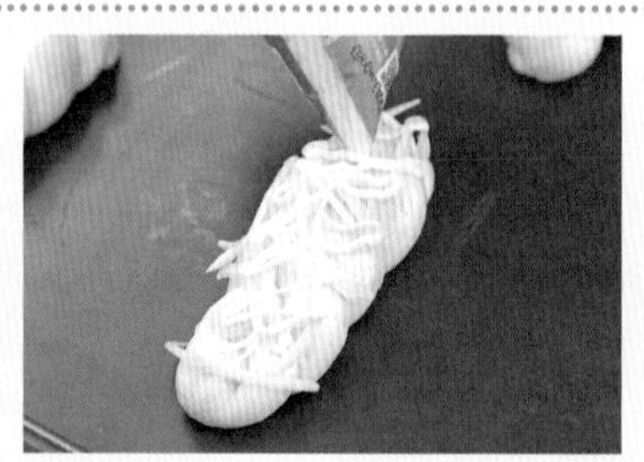

8、擠上沙拉。

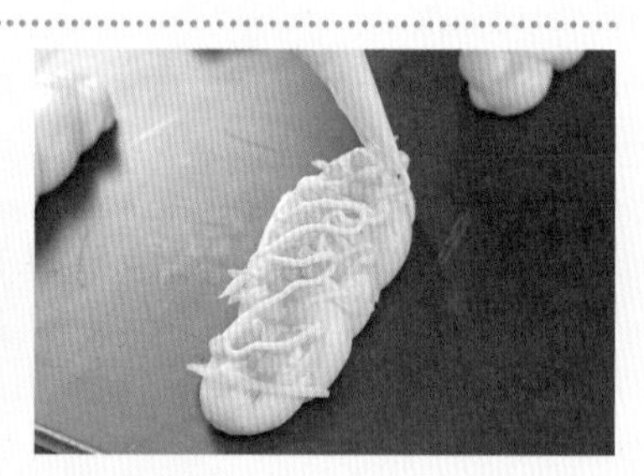

9、鋪上玉米粒、奶油乳酪。

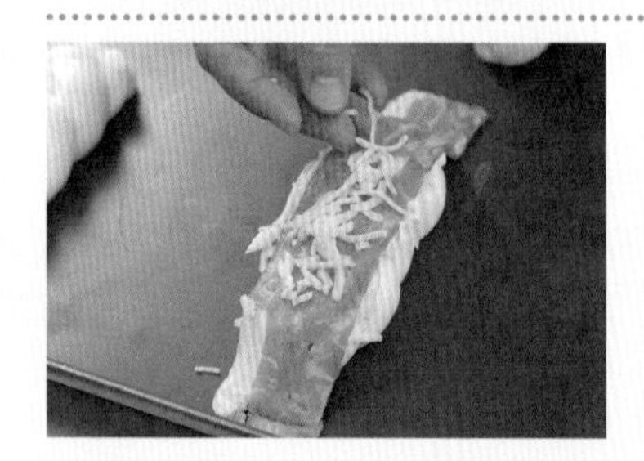

10、放上培根，撒上乳酪絲。

11、撒上適量黑胡椒粒。

12、入烤箱，溫度上火230℃／下火190℃，烤焙時間約16分鐘。

13、完成品。

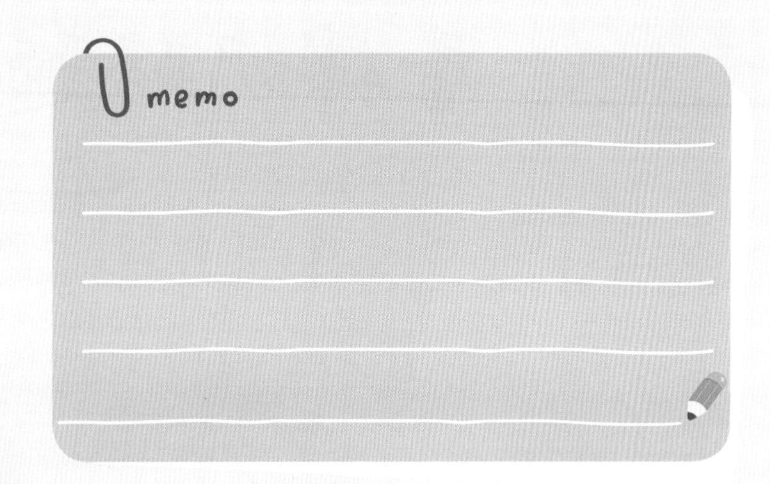

職人延伸 Q&A

1. 使用食品添加物時要考慮哪一條件？

答

2. 新鮮酵母容易死亡，必須儲藏在冰箱(3~7°C)中，通常保存期限不宜超過多久？

答

08. 香檸奶酪麵包

小故事分享

乳酪相傳至少已 6000 年！阿拉伯的商人横越沙漠時，利用羊的胃袋作為容器裝滿了乳汁以便解渴，經高溫曝曬後，發現袋中的乳汁變成了柔軟的白色塊狀物體和液體，就是現代乳酪的製程前身。

資料來源：https://www.emporium.com.tw/news_detail_125.htm

前置作業

A. 麵糰材料

高筋麵粉	1000g
鹽	10g
糖	180g
酵母粉	12g
蛋	2 個
奶粉	30g
水	540g
奶油	100g

重量單位：公克

B. 檸檬乳酪餡材料

奶油乳酪	300g
細砂糖	45g
檸檬汁	15g

重量單位：公克

C. 黃金皮材料

蛋黃	200g
糖粉	65g
低筋麵粉	120g

重量單位：公克

D. 裝飾

核桃	200g
奶粉	30g

重量單位：公克

＊裝飾性食材可依個人喜好調整。

作法

麵糰作法

1. 將麵糰所有材料放入攪拌缸混和攪拌，奶油不用加入。
2. 攪拌至擴展階段加入奶油，再攪拌至完全擴展階段，攪拌完成的麵糰溫度為 26℃。
3. 將麵糰放入發酵箱進行基本發酵 50 分鐘。
4. 將麵糰分割 70 克數份，滾圓。
5. 將麵糰置入發酵箱鬆弛 20 分鐘。

黃金皮作法

- 蛋黃和糖粉拌勻，再加入低筋麵粉拌勻即可，避免過度攪拌。

檸檬乳酪餡作法

- 奶油乳酪常溫軟化，加入細砂糖拌勻，再加入檸檬汁拌勻即可。

製作步驟

＊麵糰製作法，請見 P2。

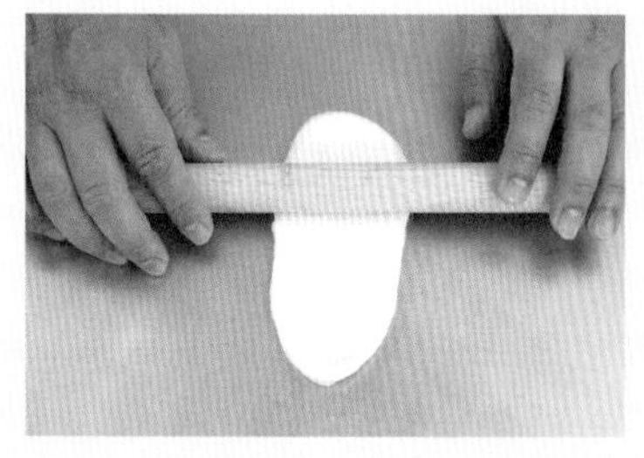

1、用擀麵棍擀成長橢圓型扁平狀。

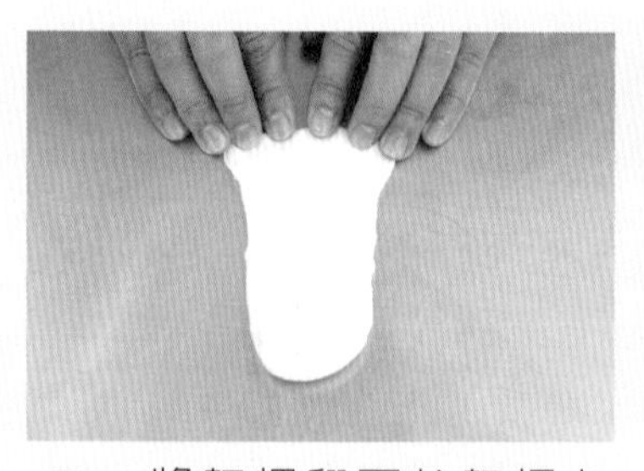

2、將麵糰翻面於麵糰上方約1/3處。

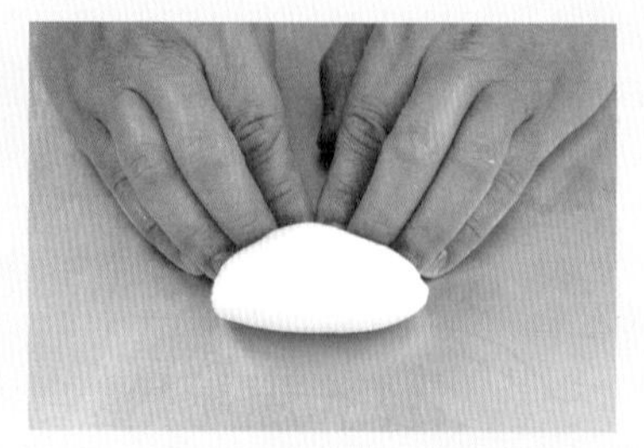

3、向下捲往麵皮中心壓，沿著麵糰下方的接口，持續捲起向下推壓，使麵糰向內滾動收緊麵糰接口。

4、捲至麵糰呈一完整橄欖形，進行最後發酵。

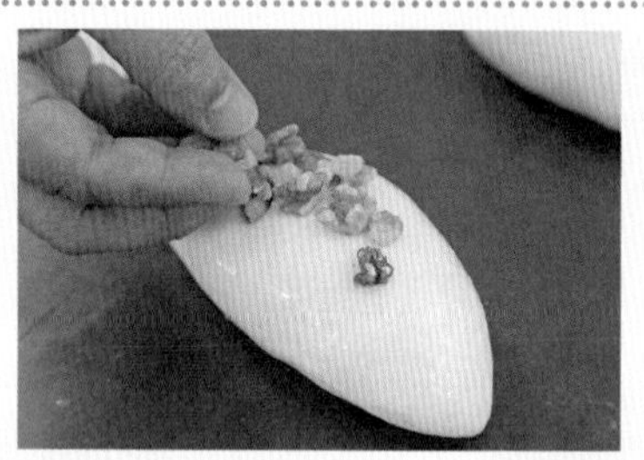

5、最後發酵完成，麵糰表面刷上蛋液，中間鋪上核桃。

6、再擠上黃金皮。

7、入烤箱，溫度上火210℃／下火190℃，烤焙時間約15分鐘。

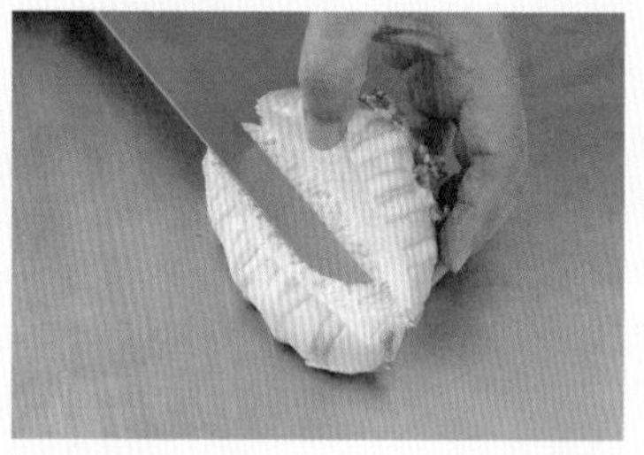

8、烤焙完成，待麵包冷卻後，從側邊約二分之一處高度平切剖開，但不要切斷。

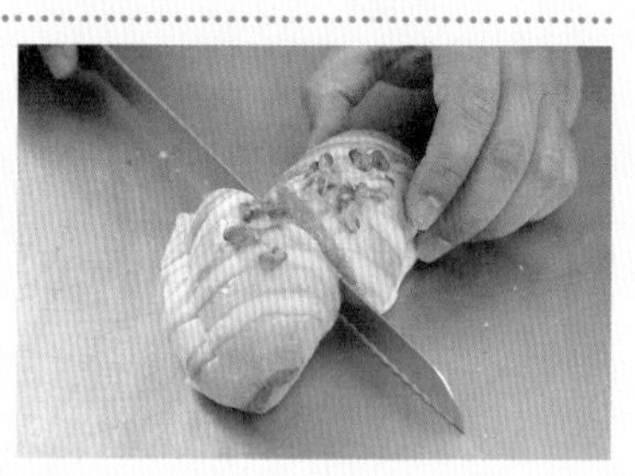

9、再斜切成兩塊。

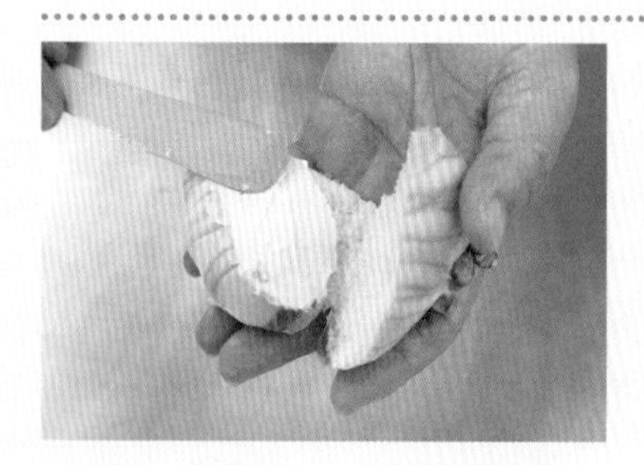

10、剖面抹上檸檬乳酪餡。

11、側切面也抹上檸檬乳酪餡。

12、側面再沾上奶粉，即完成。

13、完成品。

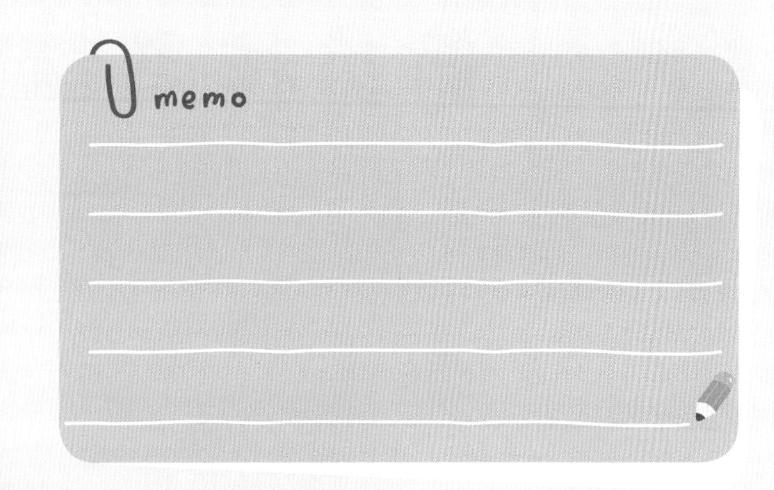

職人延伸 Q&A

1. 冷凍麵糰應儲存在多少溫度的環境中？

答

2. 烘焙後之產品若要採取冷凍保存，為了得到解凍後最佳的品質，應將產品先行以多少溫度急速冷凍後，再進入一般冷凍庫保存？

答

09. 葡萄核果麵包

小故事分享

發粉(baking powder)，又稱泡打粉、發酵粉、發泡粉，是一種以碳酸氫鈉等化合物為主要成分的化學膨鬆劑，烘培食品的常用材料之一，麵糰加入發酵粉後在加工過程中受熱產生氣體，使食品更加彭鬆、柔軟，具有更好的口感。

資料來源：https://zh.wikipedia.org/zh-tw/

前置作業

A. 主麵糰材料

高筋麵粉	1000g
糖	150g
鹽	15g
湯種麵糰	100g
酵母粉	10g
熟胚芽	40g
水	660g
奶油	100g

重量單位：公克

B. 湯種麵糰材料

高筋麵粉	100g
水	120g

重量單位：公克

C. 配料

核桃	150g
葡萄乾	150g

重量單位：公克

＊將葡萄乾泡蘭姆酒一星期。

作法

湯種麵糰作法

1. 將水煮沸至 100℃。
2. 將熱水與麵粉混和。
3. 攪拌均勻成糰即可。

主麵糰作法

1. 將主麵糰所有材料與湯種麵糰放入攪拌缸混和攪拌，奶油不用加入。
2. 攪拌至擴展階段加入奶油，再攪拌至完全擴展階段，攪拌完成的麵糰溫度為 26℃。
3. 放入核桃、葡萄乾攪拌均勻。
4. 將麵糰放入發酵箱進行基本發酵 50 分鐘。
5. 將麵糰分割 150 克數份，滾圓。
6. 將麵糰置入發酵箱鬆弛 20 分鐘。

製作步驟

＊麵糰製作法，請見 P.2。

1、麵糰攪拌完成，將麵糰以擀麵棍擀成長形扁平狀，鋪上核桃及葡萄乾。

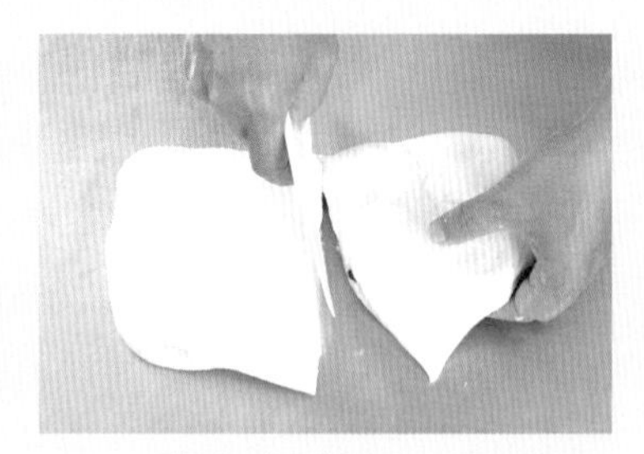

2、將麵糰對折用切麵刀將麵糰分切兩份。

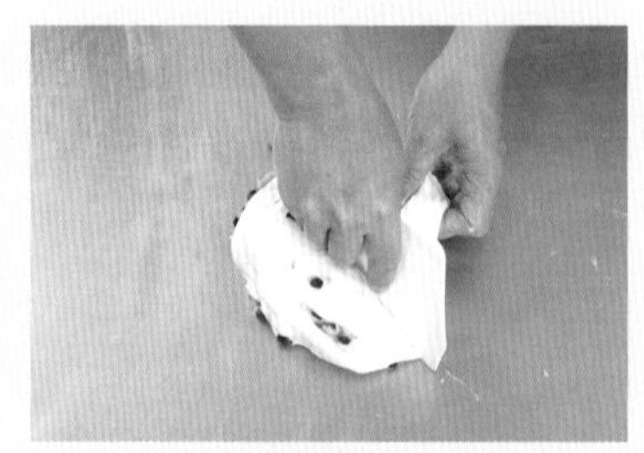

3、再將麵糰重疊，此步驟反覆數次。

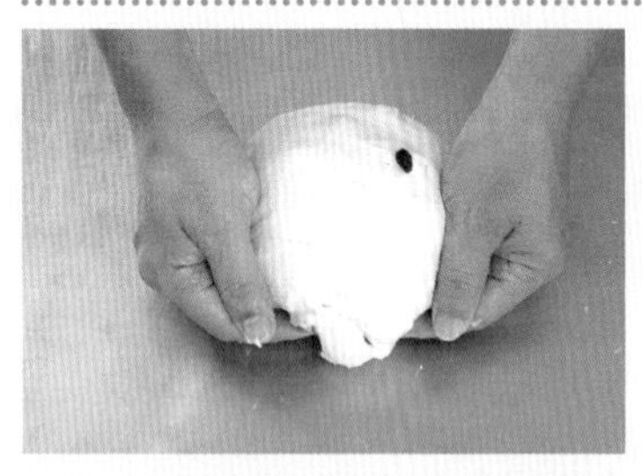

4、至核桃與葡萄乾與麵糰混和均勻，進行基本發酵50分鐘。

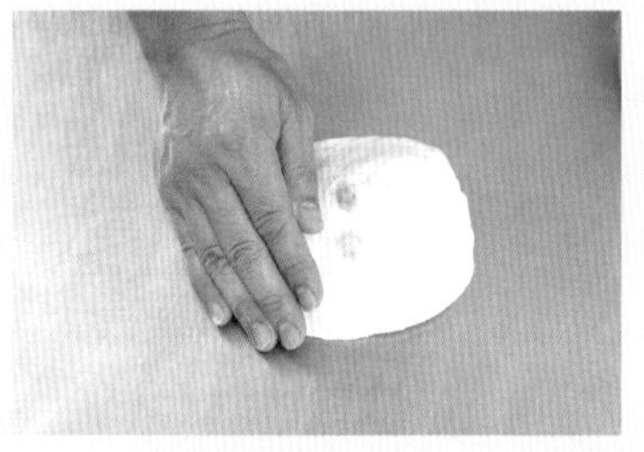

5、麵糰鬆弛完成，將麵糰用手掌輕輕拍打壓扁，將約1/3氣體排出。

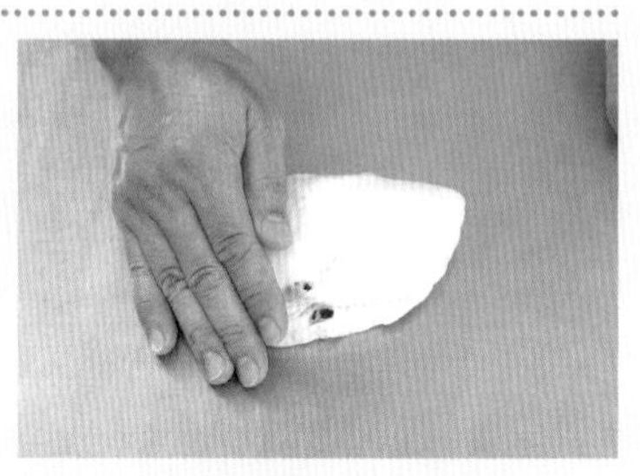

6、將麵糰對折再對折。

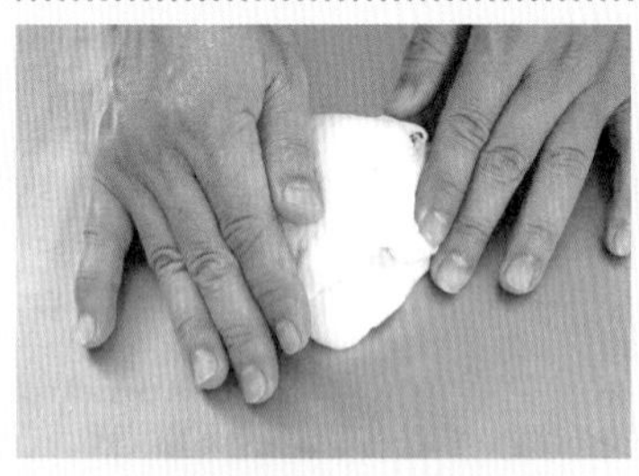

7、將麵糰底部捏合。

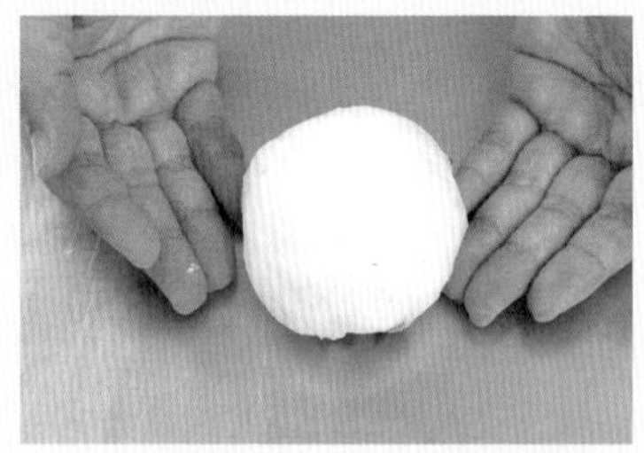

8、整成圓形，進行最後發酵。

9、麵糰最後發酵完成，麵糰表面灑上高筋麵粉。

10、用剪刀於麵糰中心處，剪出一個十字形開口，將麵糰放入烤箱烤焙，噴蒸氣約3秒，溫度上火230℃／下火190℃，烤焙時間約15分鐘。

11、完成品。

職人延伸 Q&A

1. 以含水量 20% 的瑪琪琳代替白油時，若白油使用量為 80% 則使用瑪琪琳宜改成多少比例 (%) ？

 答

3. 某麵粉含水分 13%、蛋白質 12%、吸水率 63%、灰分 0.5%，則固形物比例 (%) 為多少？

 答

10. 高纖穀物麵包

小故事分享

全穀物麵包(Whole Grain)：「全穀物」代表麵包使用完整穀粒，包含麩皮、胚芽和胚乳，可以吃進整顆穀物的營養。許多研究證實，可保護器官再生幹細胞，並減少滋養腫瘤的血管生長。而全穀物中的纖維富含益生元，是益生菌的食物來源，有利腸道好菌生長。

資料來源：https://www.merit-times.com/NewsPage.aspx?unid=603828

前置作業

A. 主麵糰材料

高筋麵粉	1000g
糖	150g
鹽	15g
湯種麵糰	100g
酵母粉	10g
熟胚芽	40g
水	660g
奶油	100g

重量單位：公克

B. 湯種麵糰材料

高筋麵粉	100g
水	120g

重量單位：公克

C. 配料

核桃	150g
葵花子	120g
黑芝麻	20g

重量單位：公克

作法

湯種麵糰作法

1. 將水煮沸至 100℃。
2. 將熱水與麵粉混和。
3. 攪拌均勻成糰即可。

主麵糰作法

1. 將主麵糰所有材料與湯種麵糰放入攪拌缸混和攪拌，奶油不用加入。
2. 攪拌至擴展階段加入奶油，再攪拌至完全擴展階段，攪拌完成的麵糰溫度為 26℃。
3. 放入核桃、葵花子、黑芝麻攪拌均勻。
4. 將麵糰放入發酵箱進行基本發酵 50 分鐘。
5. 將麵糰分割 150 克數份，滾圓。
6. 將麵糰置入發酵箱鬆弛 20 分鐘。

製作步驟

＊麵糰製作法，請見 P2。

1、麵糰攪拌完成，將麵糰以擀麵棍擀成長形扁平狀，鋪上綜合穀物。

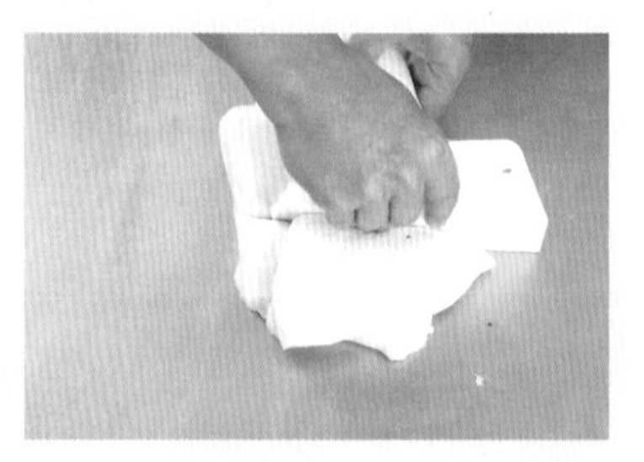

2、將麵糰對折，用切麵刀將麵糰分切2份，再將麵糰重疊。

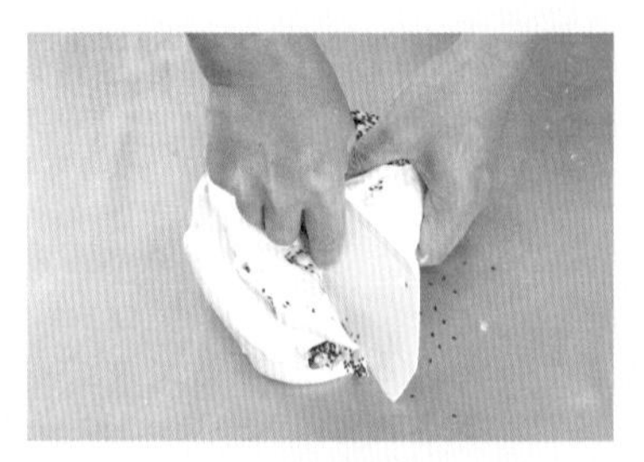

3、此步驟反覆數次。

4、直到綜合穀物與麵糰混和均勻。進行基本發酵50分鐘

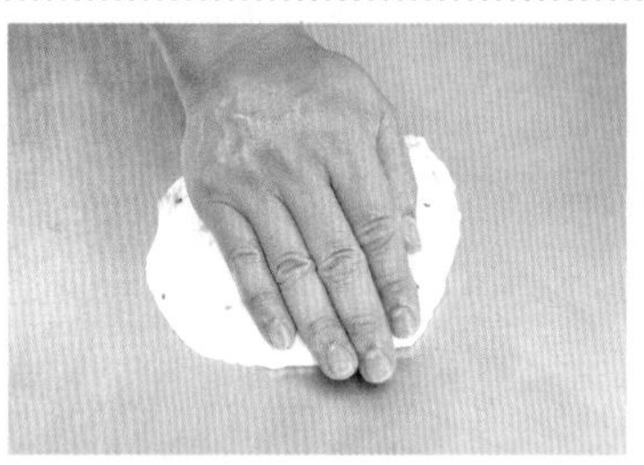

5、麵糰鬆弛完成，將麵糰用手掌輕輕拍打壓扁，將約1/3氣體排出。

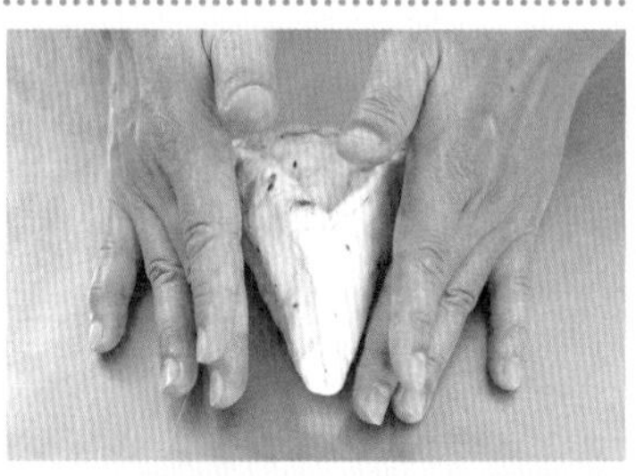

6、以雙手捧起麵糰邊緣，掌心與桌面略呈直角，手指尖相碰使其呈現三角塔的形狀。

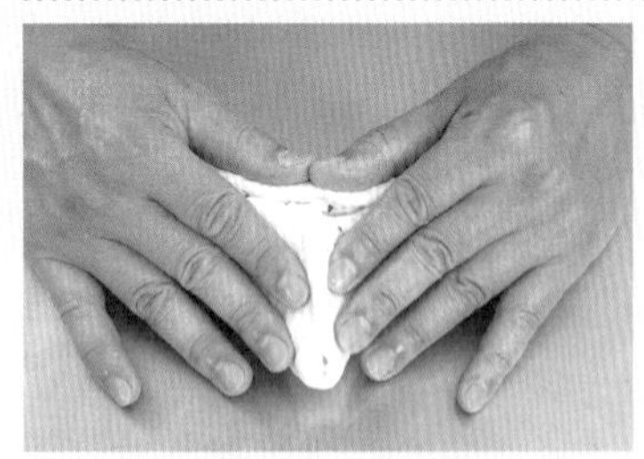

7、以雙手框出的範圍為輪廓，將麵糰邊緣往中疊，收折進三角塔形中。

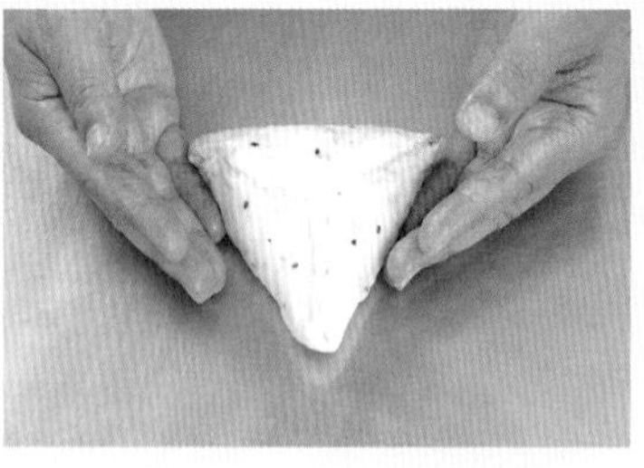

8、將收口壓緊貼實，使麵糰呈一等腰三角形，進行最後發酵。

9、麵糰最後發酵完成，麵糰表面灑上高筋麵粉。

10、用法國刀片於麵糰中心處，刻劃出一個放射形線條。

11、入烤箱，噴蒸氣約3秒，溫度上火230℃／下火190℃，烤焙時間約15分鐘。

12、完成品。

職人延伸 Q&A

1. 麵糰發酵的目的有哪些？

答

2. 不同鹽量對麵包品質影響為何？

答

11. 鄉村水果麵包

小故事分享

水果麵包或水果蛋糕(Fruitcake)，裡面有果乾、堅果、蜂蜜以及烈酒。是西方國家經常在聖誕節食用的甜點起源於古羅馬，最早的食譜是將石榴籽、松子和葡萄乾混入大麥泥中。在中世紀，有了新作法則開始使用蜂蜜、香料、水果。

資料來源：https://www.wikiwand.com/zh-tw

前置作業

A. 麵糰材料

高筋麵粉	1000g
酵母粉	10g
鹽	12g
蜂蜜	60g
糖	60g
水	620g
奶油	80g

重量單位：公克

B. 配料

葡萄乾	100g
蔓越莓乾	100g

重量單位：公克

＊先將果乾泡蘭姆酒一星期。

作法

1. 將麵糰所有材料放入攪拌缸混和攪拌，奶油不用加入。
2. 攪拌至擴展階段加入奶油，再攪拌至完全擴展階段，攪拌完成的麵糰溫度為 26℃。
3. 放入葡萄乾、蔓越莓乾攪拌均勻。
4. 將麵糰放入發酵箱進行基本發酵 50 分鐘。
5. 將麵糰分割 150 克數份，滾圓。
6. 將麵糰置入發酵箱鬆弛 20 分鐘。

製作步驟

＊麵糰製作法，請見 P.2。

1、麵糰攪拌完成，將麵糰以擀麵棍擀成長型扁平狀，鋪上綜合果乾。

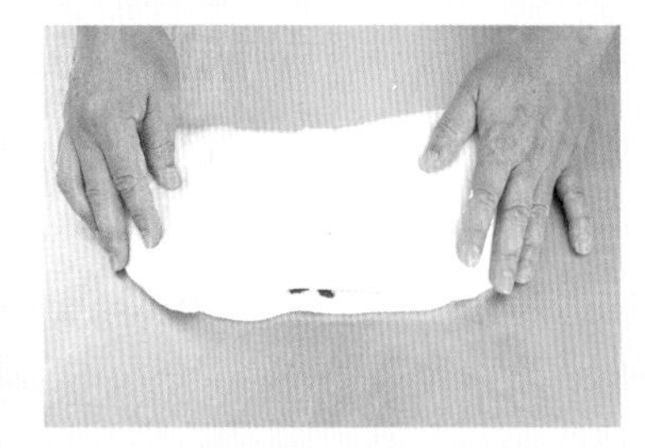

2、將麵糰對折。

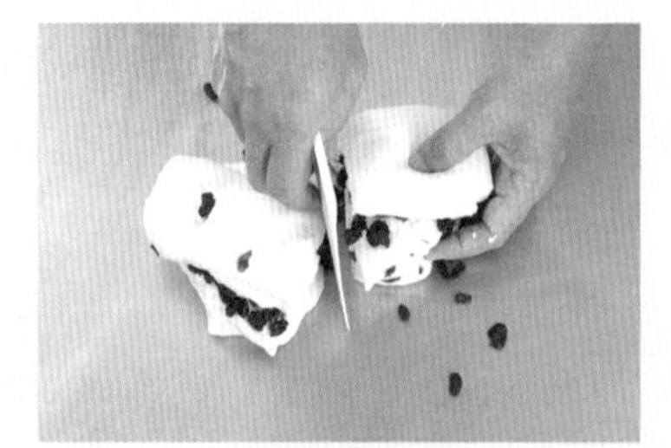

3、用切麵刀將麵糰分切2份。

4、將麵糰重疊，此步驟反覆數次，至綜合果乾與麵糰混和均勻。

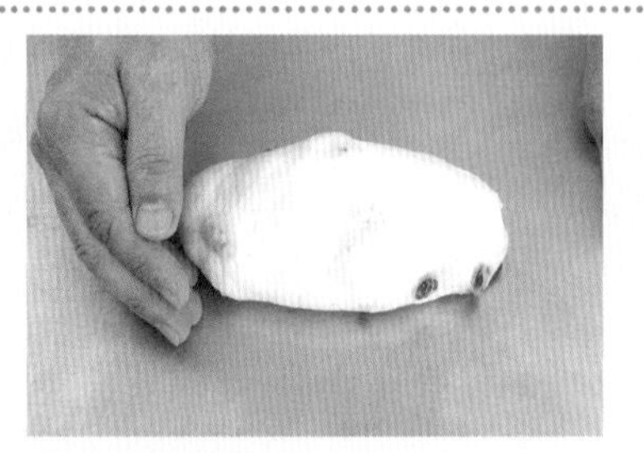

5、麵糰鬆弛完成。

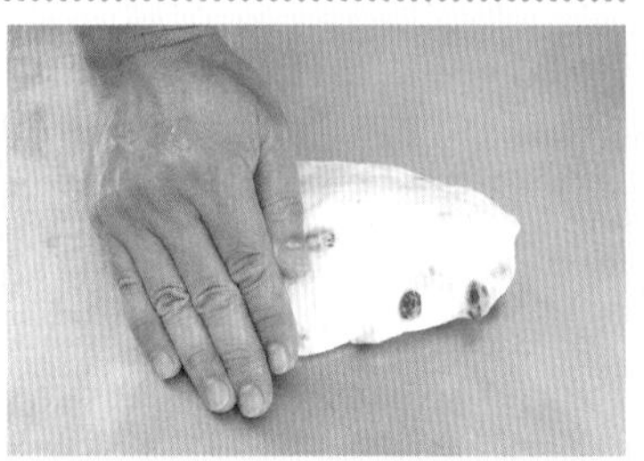

6、將麵糰用手掌輕輕拍打壓扁，將約1/3氣體排出。

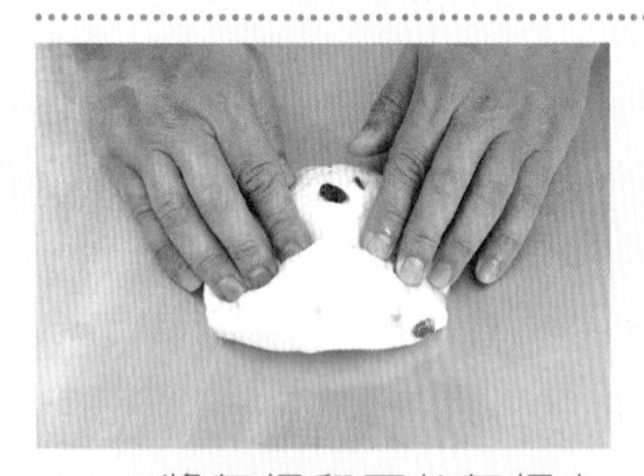

7、將麵糰翻面於麵糰上方約1/3處。

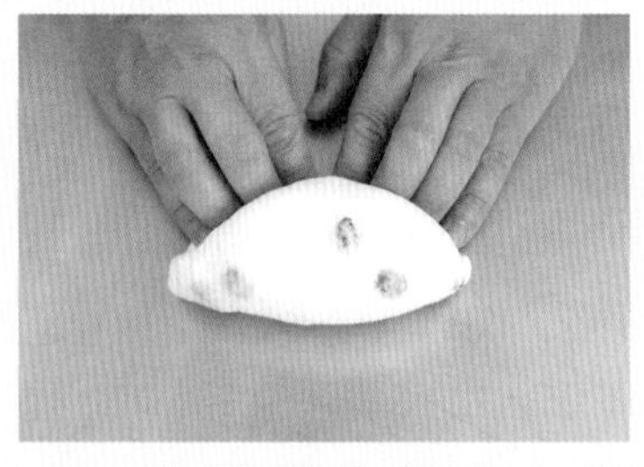

8、向下捲往麵皮中心壓，沿著麵糰下方的接口。

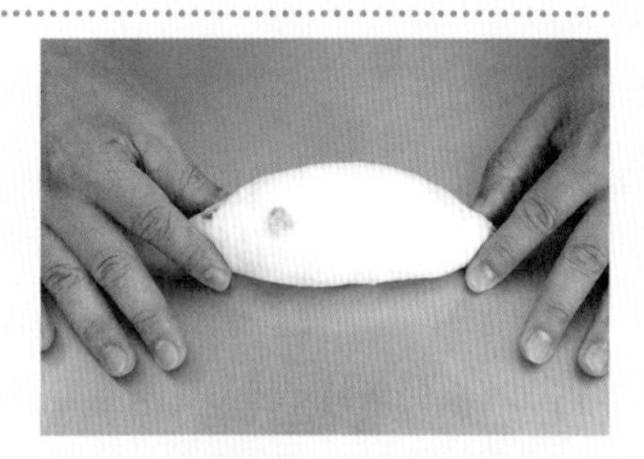

9、持續捲起向下推壓，使麵糰向內滾動收緊麵糰接口。

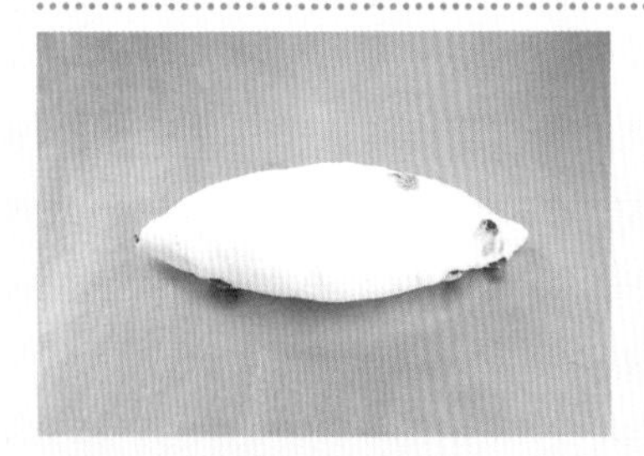

10、捲壓至麵糰呈一完整橄欖形，進行最後發酵。

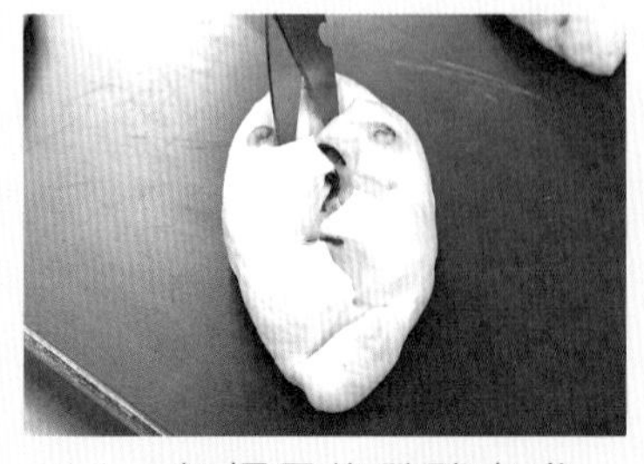

11、麵糰最後發酵完成，用剪刀於麵糰上剪出一個閃電形線條。

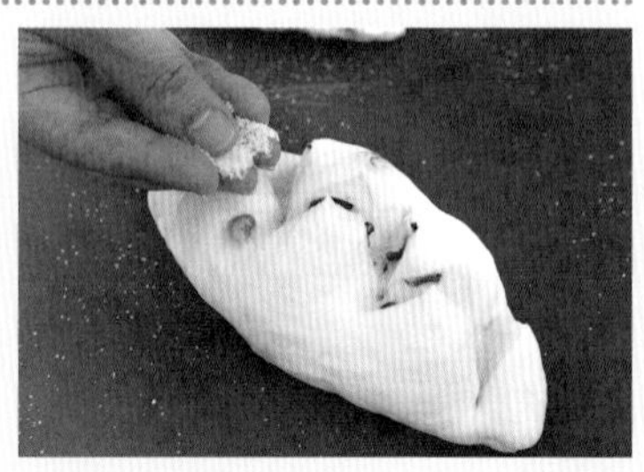

12、於開口處灑上適量細砂糖。

13、入烤箱，噴蒸氣約3秒，溫度上火230℃／下火190℃，烤焙時間約15分鐘。

14、完成品。

職人延伸 Q&A

1. 為防止麵包老化、抑制乾硬，可在配方中加入何種材料？

答

2. 麵包添加物用的麥芽粉其主要功用為何？

答

12. 牛奶棒

小故事分享

1850~1960年代，英國死於牛結核病的孩子人數達到80萬之多。因為牛奶中的牛結核桿菌問題，到1960年英國人才採用低溫的巴斯德消毒法來消毒。

資料來源：https://zh.wikipedia.org/wiki

前置作業

麵糰材料

高筋麵粉	1000g
酵母粉	10g
鹽	12g
蜂蜜	60g
糖	60g
水	620g
奶油	80g

重量單位：公克

甜奶油餡材料

無鹽奶油	160g
細砂糖	20g
煉 乳	20g

重量單位：公克

作法

麵糰作法

1. 將麵糰所有材料放入攪拌缸混和攪拌，奶油不用加入。
2. 攪拌至擴展階段加入奶油，再攪拌至完全擴展階段，攪拌完成的麵糰溫度為 26℃。
3. 將麵糰放入發酵箱進行基本發酵 50 分鐘。
4. 將麵糰分割 60 克數份，滾圓。
5. 將麵糰置入發酵箱鬆弛 20 分鐘。

甜奶油餡作法

將無鹽奶油放置常溫軟化，再加入煉乳拌勻，最後加入細砂糖拌勻，備用。

製作步驟

＊麵糰製作法，請見 P.2。

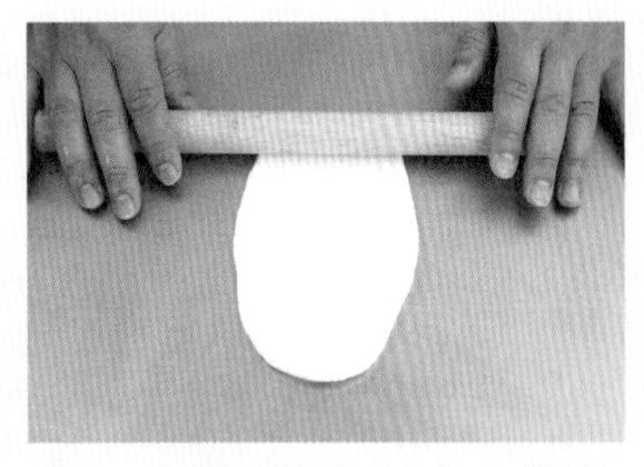

1、麵糰鬆弛完成，將麵糰以擀麵棍擀成長形扁平狀。

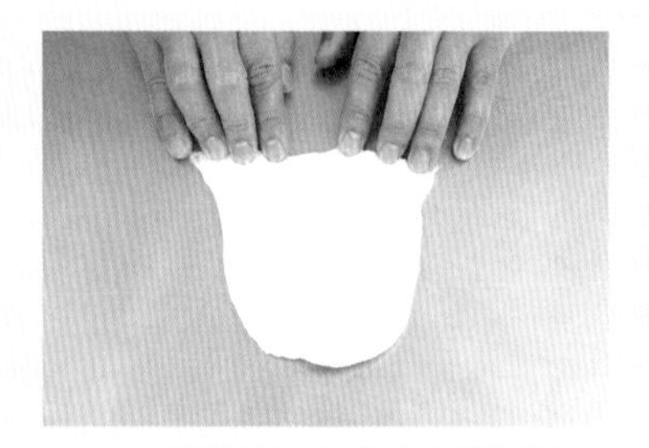

2、翻面扎實地向下捲壓。

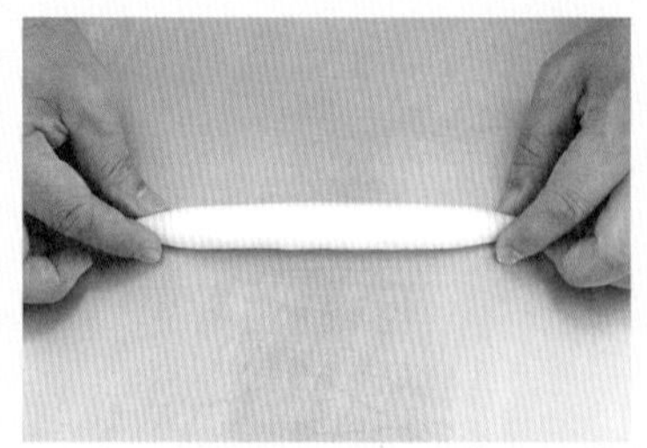

3、捲壓到麵糰成為完整長條狀，兩端成細尖狀。

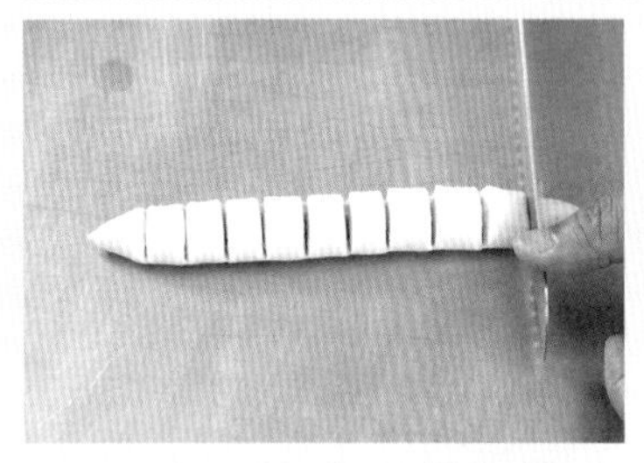

4、使用鋸齒刀將麵糰向下壓切9刀，但不要切斷，保留約1/5的麵糰厚度，以利後續填餡作業。

5、麵糰放入發酵箱，最後發酵50分鐘。

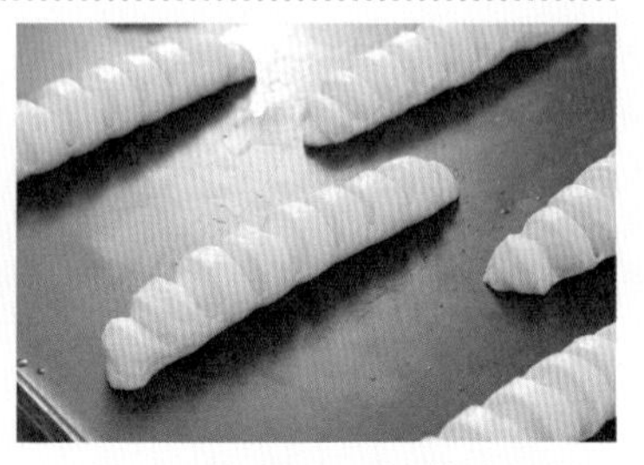

6、入烤箱，噴蒸氣約3秒，溫度上火250℃／下火190℃，烤焙時間約8分鐘。

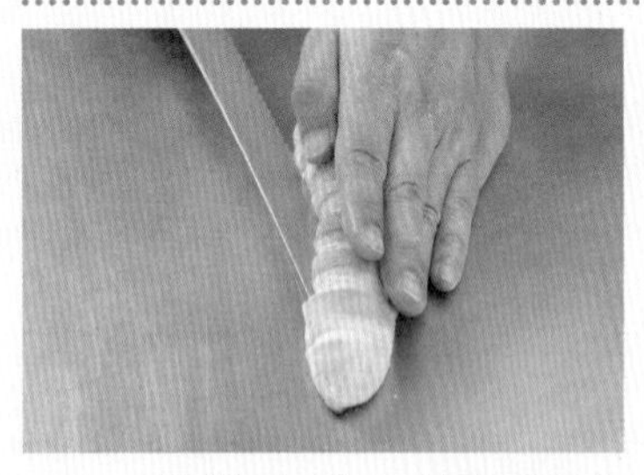

7、烤焙完成，待麵包冷卻後，從側邊約1/2處高度平切剖開，但不要切斷，保留約1/5的接口。

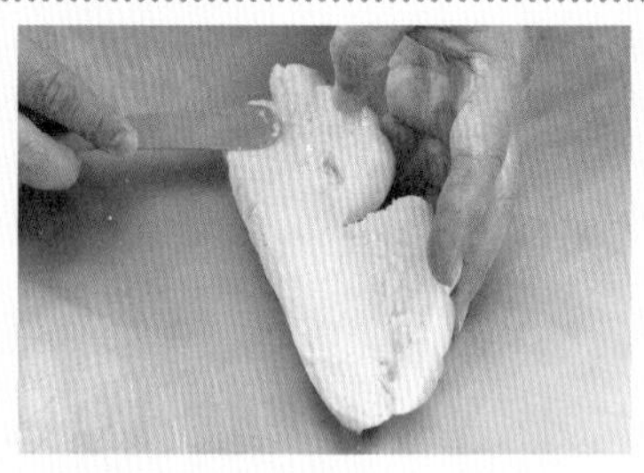

8、抹上適量甜奶油餡。

9、完成品。

1. 全脂特級鮮奶，油脂含量最低比例 (%) 為多少？

 答

2. 配方內使用 60% 鮮奶製作麵包，比用 4% 的脫脂奶粉作麵包，其實際奶粉固形量為何？

 答

13. 辣腸餡餅

小故事分享

西班牙肉腸是以糖、煙燻辣椒粉和新鮮大蒜混和的豬肉製品，熟成後再度煙燻，最後自然風乾，搭配肉腸使用的配料和調味料包括 paprika（紅椒粉）、cayenne（卡宴辣椒粉）、馬鈴薯、南瓜、米、洋蔥、黑胡椒和香草等。

資料來源：https://www.theeupantry.com/products/julian-martin-chorizo

前置作業

A. 麵糰材料

高筋麵粉	1000g
鹽	15g
糖	100g
酵母粉	10g
北海道煉乳	80g
蛋	1 個
水	560g
奶油	100g

重量單位：公克

B. 內餡材料

高融點起士丁	150g
小辣腸	200g
洋蔥	半個
玉米粒	半罐
杏鮑菇	100g
乳酪絲	150g
黑胡椒	適量
沙拉	70g
番茄醬	70g

重量單位：公克

作法

1. 將麵糰所有材料放入攪拌缸混和攪拌，奶油不用加入。
2. 攪拌至擴展階段加入奶油，再攪拌至完全擴展階段，攪拌完成的麵糰溫度為 26℃。
3. 將麵糰放入發酵箱進行基本發酵 50 分鐘。
4. 將麵糰分割 100 克數份，滾圓。
5. 將麵糰置入發酵箱鬆弛 20 分鐘。

製作步驟

＊麵糰製作法，請見 P.2。

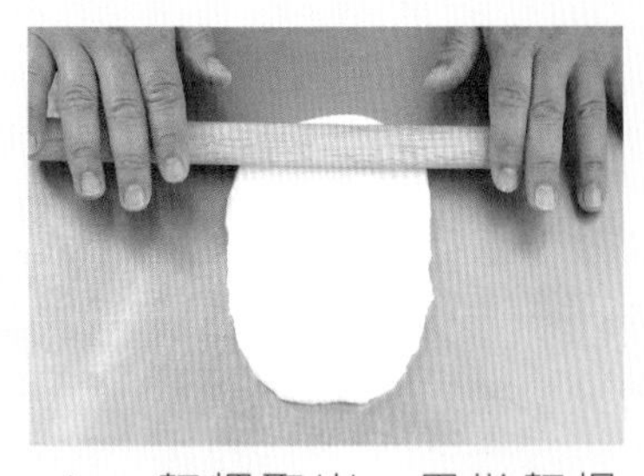

1、麵糰取出，用擀麵棍擀成長橢圓形扁平狀。

2、再擀成圓形扁平狀。

3、將沙拉醬及番茄醬混和拌匀，於麵糰抹上番茄沙拉醬。

4、將小辣腸、洋蔥、杏鮑菇，切成丁狀。

5、高融點起士丁、玉米粒均匀鋪上，再撒上黑胡椒粒。

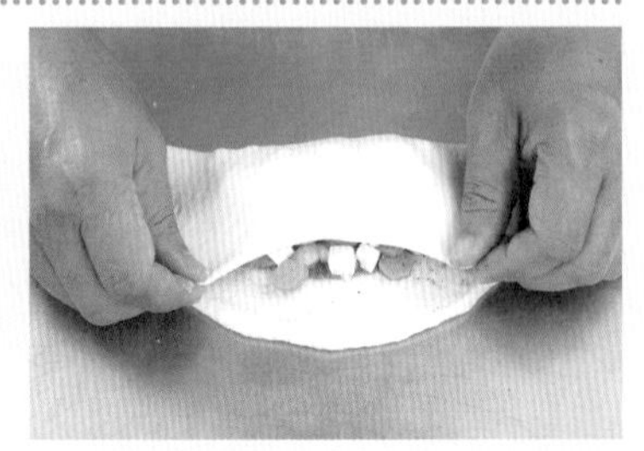

6、拉起下方麵皮，往麵皮中心壓。

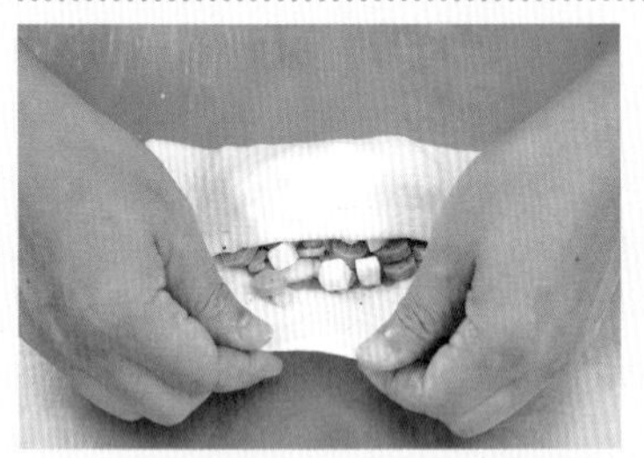

7、再拉起上方麵皮，使麵皮完整包覆住內餡。

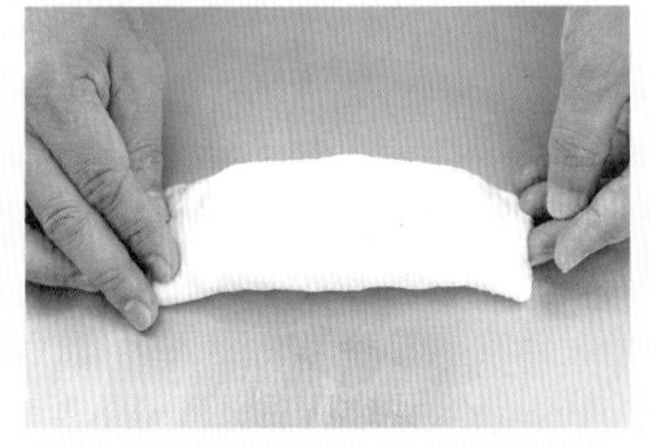

8、手指指尖沿著麵皮的兩側接口壓合，進行最後發酵。

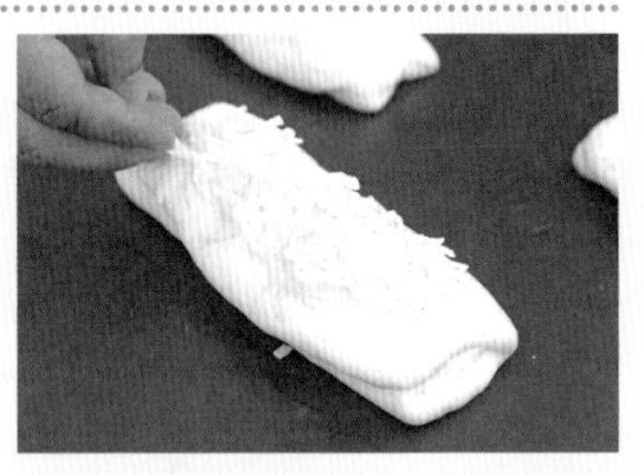

9、麵糰最後發酵完成，麵糰表面刷上蛋液，灑上乳酪絲。

10、擠上沙拉醬。

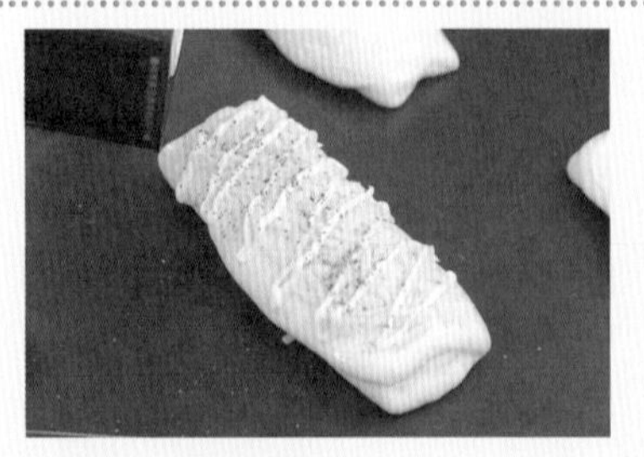

11、撒上黑胡椒粒。

12、入烤箱，溫度上火230℃／下火200℃，烤焙時間約18分鐘。

 完成品。

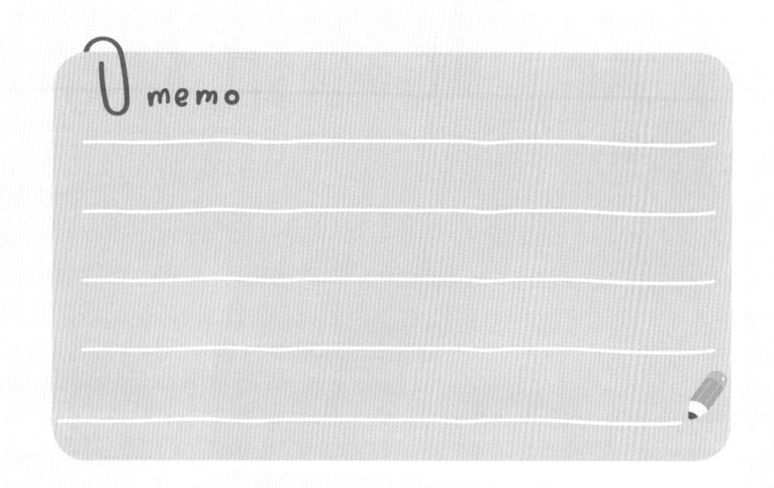

1. 配方中原料百分比：麵粉為 100、油脂為 20、糖為 20，可製作何種產品？

答

2. 活性麵筋 (Vital Gluten) 對於麵糰的功用為何？

 答

14. 北海道煉乳吐司

小故事分享

日本北海道天然的牧場，產出的牛奶及奶製品香醇濃郁，麵包加入大量的牛奶和鮮奶油，故稱北海道牛奶麵包或吐司。

資料來源：https://ppfocus.com/0/fi3f9f537.html

前置作業

麵糰材料

高筋麵粉	1000g
鹽	15g
糖	100g
酵母粉	10g
北海道煉乳	80g
蛋	1 個
水	560g
奶油	100g

重量單位：公克

作法

1. 將麵糰所有材料放入攪拌缸混和攪拌，奶油不用加入。
2. 攪拌至擴展階段加入奶油，再攪拌至完全擴展階段，攪拌完成的麵糰溫度為 26℃。
3. 將麵糰放入發酵箱進行基本發酵 50 分鐘。
4. 將麵糰分割 225 克數份，滾圓。
5. 將麵糰置入發酵箱鬆弛 20 分鐘。

製作步驟

＊麵糰製作法，請見 P2。

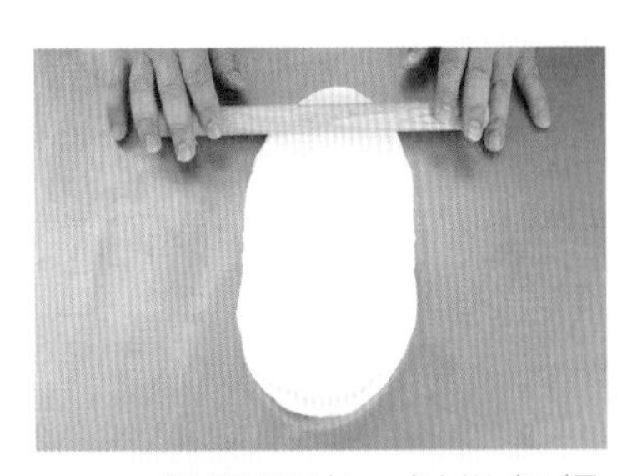

1、麵團取出，以擀麵棍擀成長形扁平狀。

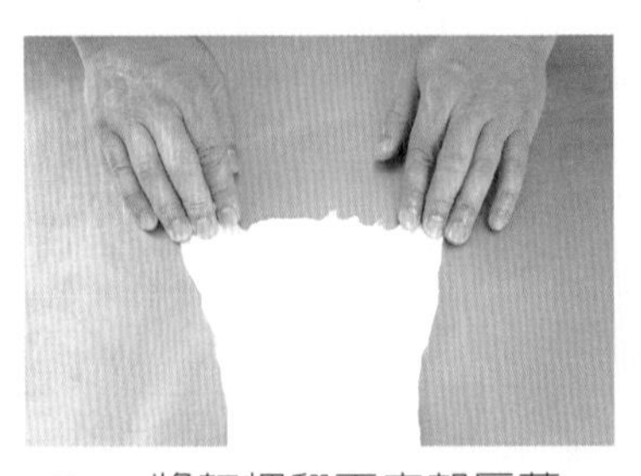

2、將麵糰翻面底部壓薄。

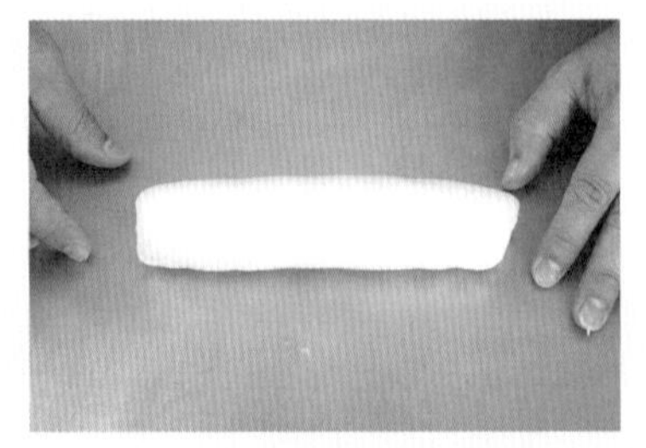

3、由上往下捲成長條狀，放置發酵室，進行中間發酵15分鐘。

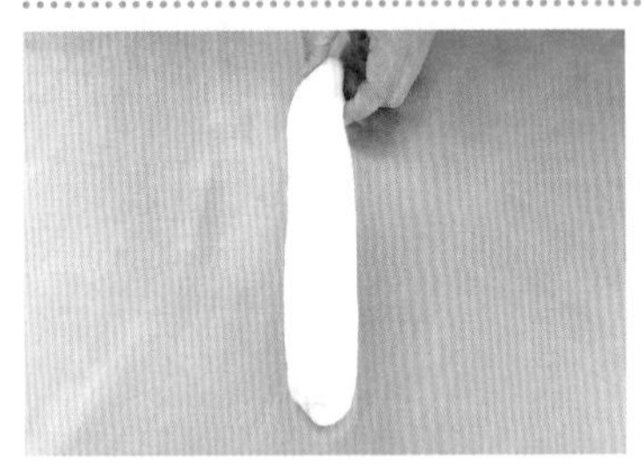

4、取出麵糰直放於桌面。

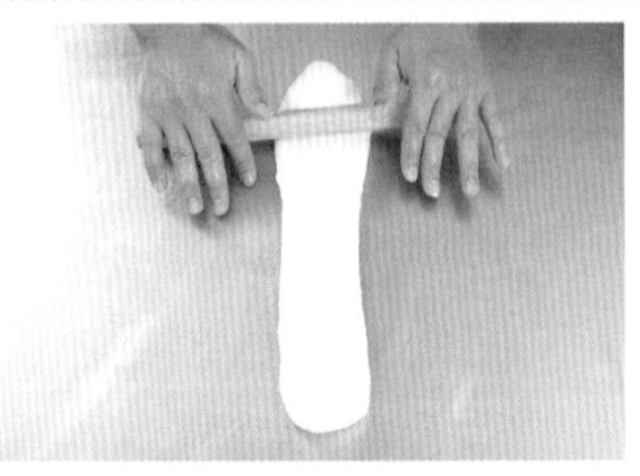

5、將麵糰擀成扁平狀。

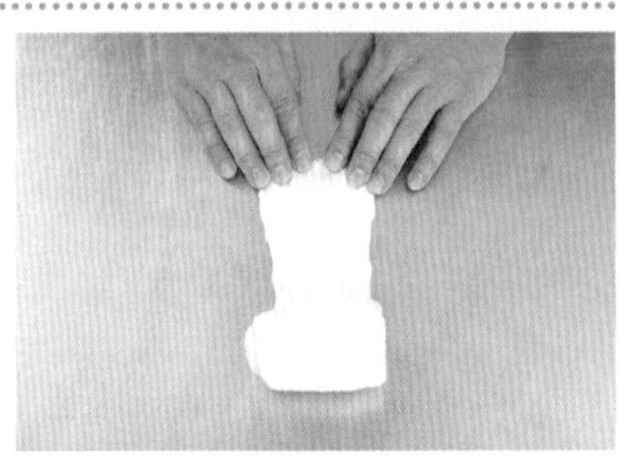

6、捲起麵糰。

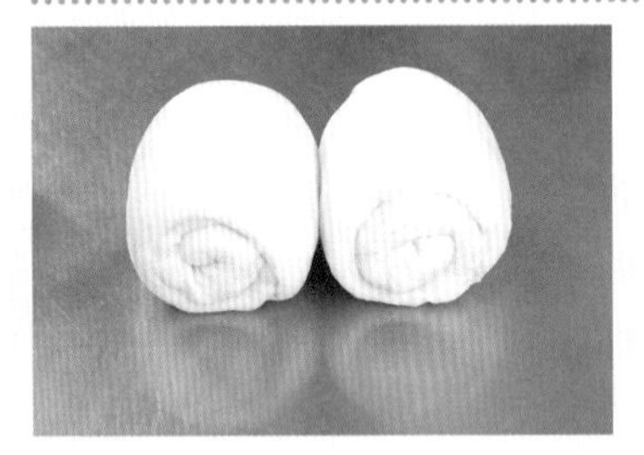

7、捲成圓柱型。

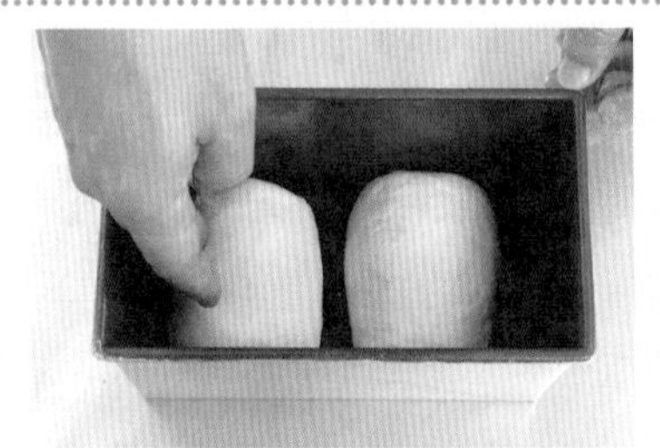

8、將麵糰2顆一份，放入吐司模，放回發酵室進行最後發酵50分鐘。

9、發酵完成的麵糰膨脹高度約吐司模的8.5分滿，將麵糰放入烤箱，溫度上火160℃／下火250℃，烤焙時間約28分鐘。

10、完成品。

1. 麵包體積大小是否適中，一般以體積比來表示，所謂體積比是什麼？

答

2. 有關製作冷凍麵糰配方的調整為何？

答

15. 黑芝麻高鈣吐司

小故事分享

芝麻，別名巨勝、苣藤、油麻，是脂麻科脂麻屬植物；營養成分主要為脂肪、蛋白質、醣類，並含有豐富的纖維、卵磷脂、維生素B群、E與鎂、鉀、鋅及多種微量礦物質，經常作為麵包製品的材料之一增加香氣與營養。

資料來源：https://zh.wikipedia.org/zh-tw

前置作業

麵糰材料

高筋麵粉	1000g
酵母粉	10g
鹽	15g
糖	120g
水	520g
煉乳	75g
蛋	2 個
奶油	100g
黑芝麻粉	35g
黑芝麻粒	35g

重量單位：公克

作法

1. 將麵糰所有材料放入攪拌缸混和攪拌，奶油不用加入。
2. 攪拌至擴展階段加入奶油，再攪拌至完全擴展階段
3. 加入黑芝麻粒、黑芝麻粉，攪拌均勻，完成的麵糰溫度為 26℃。
4. 將麵糰放入發酵箱進行基本發酵 50 分鐘。
5. 將麵糰分割 225 克數份，滾圓。
6. 將麵糰置入發酵箱鬆弛 20 分鐘。

製作步驟

＊麵糰製作法，請見 P2。

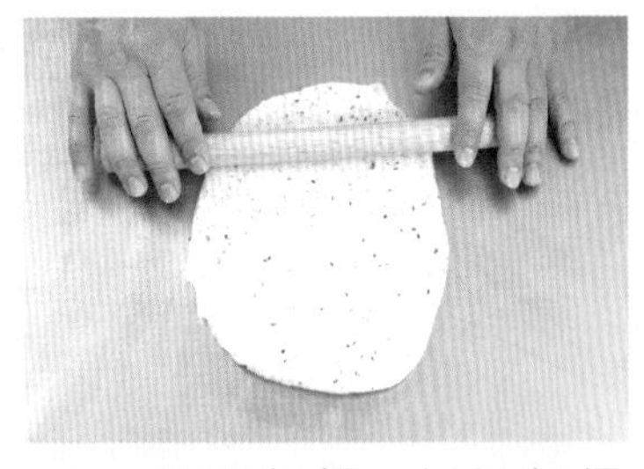

1、取出麵糰，以擀麵棍擀成長型扁平狀。

2、將麵糰翻面底部壓薄。

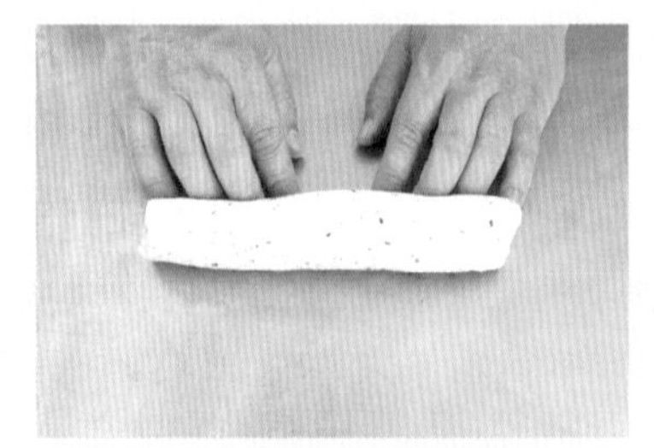

3、由上往下捲成長條狀。

4、放置發酵室，進行中間發酵15分鐘。

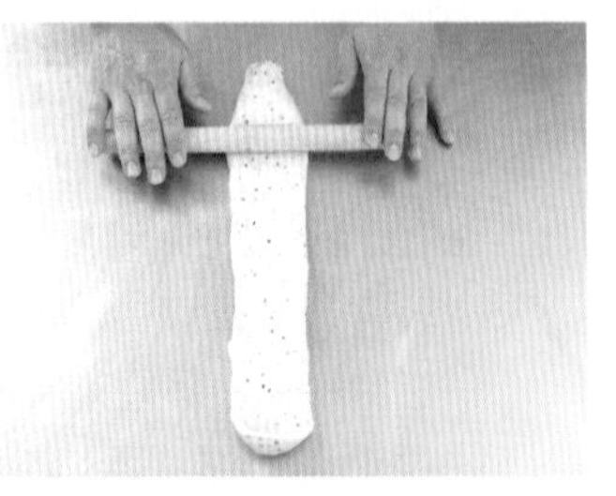

5、取出麵糰直放於桌面，將麵糰擀成扁平狀。

6、捲起麵糰。

7、捲成圓柱型。

8、將麵糰2顆一份放入吐司模，放回發酵室進行最後發酵50分鐘。

9、發酵完成的麵糰膨脹高度約吐司模的8.5分滿，將麵糰放入烤箱，溫度上火160℃／下火250℃，烤焙時間約28分鐘。

10、完成品。

1. 利用直接法製作麵包，麵糰攪拌後的理想溫度為幾度？

答

2. 中種發酵法第一次中種麵糰攪拌後溫度應為多少？

答

3. 剛擠出來的原料奶用來做麵包時必須先加熱至多少度，以破壞牛奶蛋白質中所含之活潑性硫氫根 (-HS) ？

答

16. 黑芝麻花捲麵包

小故事分享

黑芝麻，對保健身體具有補益作用，食用黑芝麻可來增加髮色，日本的新聞報導中有報導過一位長壽紀錄 113 歲的長者，生前飲食最喜愛吃「甜芝麻醬」。

資料來源：http://sharemb.blogspot.com/2016/01/blog-post_36.html

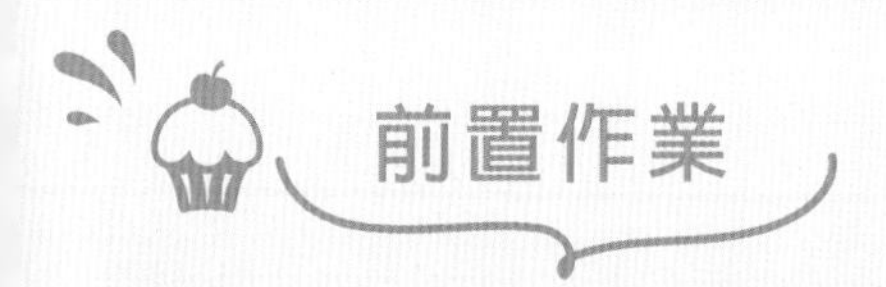

前置作業

A. 麵糰材料

高筋麵粉	1000g
乾酵母	10g
鹽	15g
糖	120g
水	520g
煉乳	75g
蛋	2 個
奶油	100g
黑芝麻粉	35g
黑芝麻粒	35g

重量單位：公克

B. 黑芝麻餡材料

黑芝麻粉	180g
糖粉	60g
奶油	120g

重量單位：公克

C. 餅皮材料

奶油	71g
糖粉	71g
蛋黃	57g
全蛋	1 個
低筋麵粉	71g

重量單位：公克

D. 裝飾材料

杏仁片	30g

重量單位：公克

＊裝飾性食材可依個人喜好調整。

作法

麵糰作法

1. 將麵糰所有材料放入攪拌缸混和攪拌，奶油不用加入。
2. 攪拌至擴展階段加入奶油，再攪拌至完全擴展階段。
3. 加入黑芝麻粒、黑芝麻粉，攪拌均勻，完成的麵糰溫度為 26℃。
4. 將麵糰放入發酵箱進行基本發酵 50 分鐘。
5. 將麵糰分割 80 克數份，滾圓。
6. 將麵糰置入發酵箱鬆弛 20 分鐘。

黑芝麻餡製作

1. 奶油先放置常溫軟化。
2. 依序在攪拌缸中加入糖粉、黑芝麻粉混和均勻，冷藏備用（使用前需先常溫軟化）。

餅皮製作步驟

1. 將奶油先放置常溫軟化。
2. 加入糖粉混和均勻。
3. 加入蛋黃、全蛋攪拌均勻。
4. 加入低筋麵粉拌成麵糊備用。

製作步驟

＊麵糰製作法，請見 P.2。

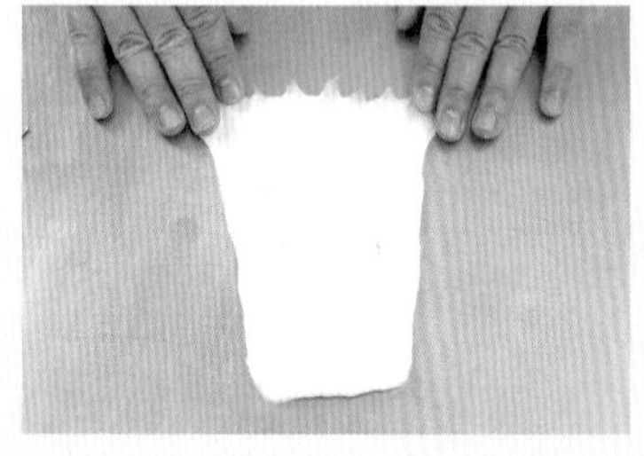

1、取出麵糰，用擀麵棍擀成長形扁平狀。

2、將黑芝麻餡均勻塗抹下方，約1/3部分不抹餡。

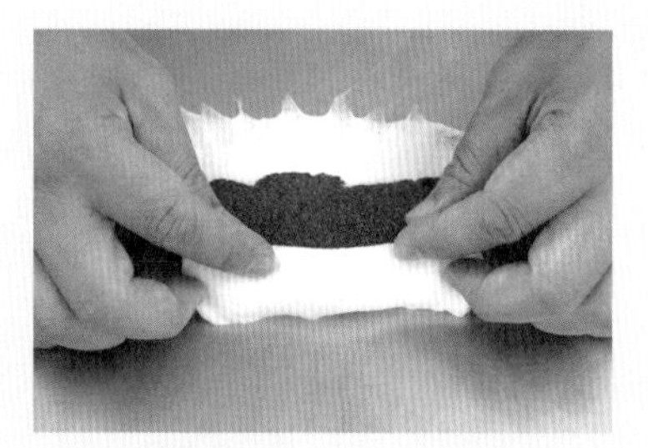

3、麵糰以折捲方式由上往下折捲。

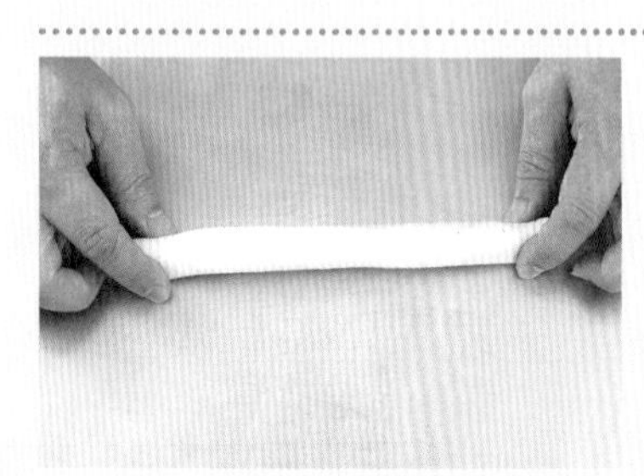

4、呈現長條圓柱形，並將收口壓於麵糰下方，冰冷凍10分鐘。

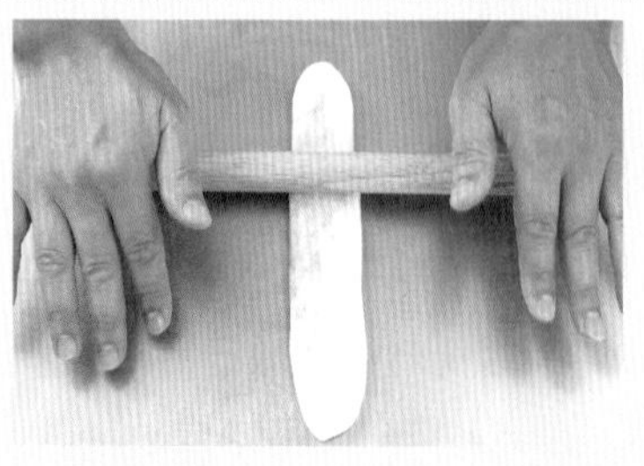

5、冷凍取出麵糰，用擀麵棍將麵糰擀成長形扁平狀。

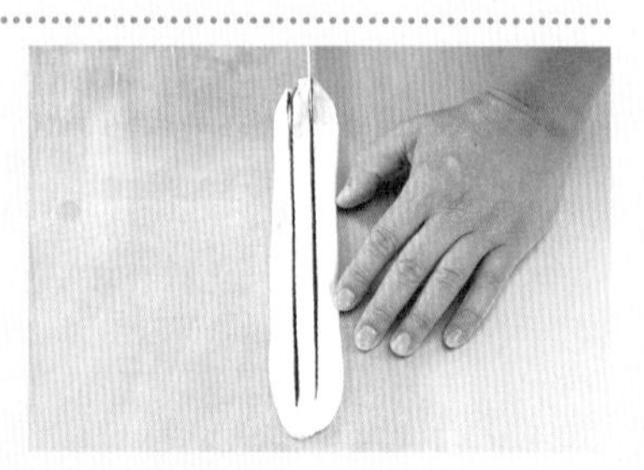

6、將麵糰一切為三，上方不切斷。

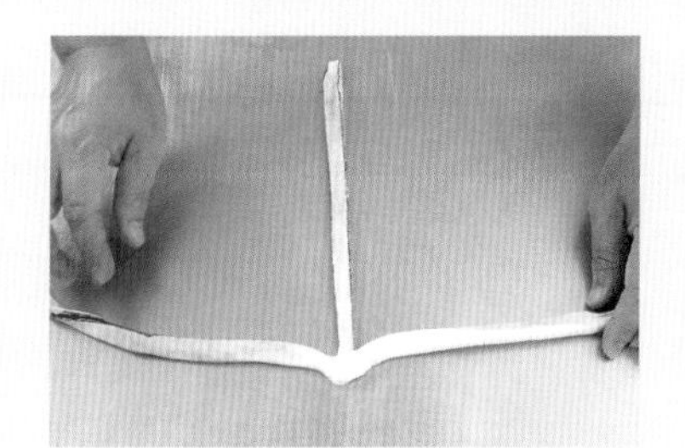

7、將麵糰展開成T字型。

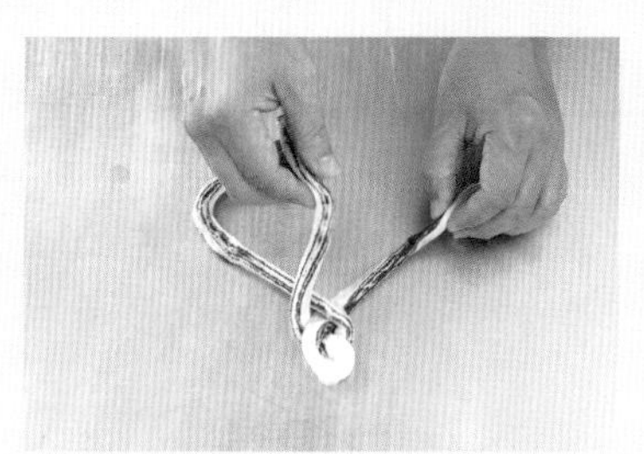

8、將切割面朝上擺放，從切割處拉開三行交疊。

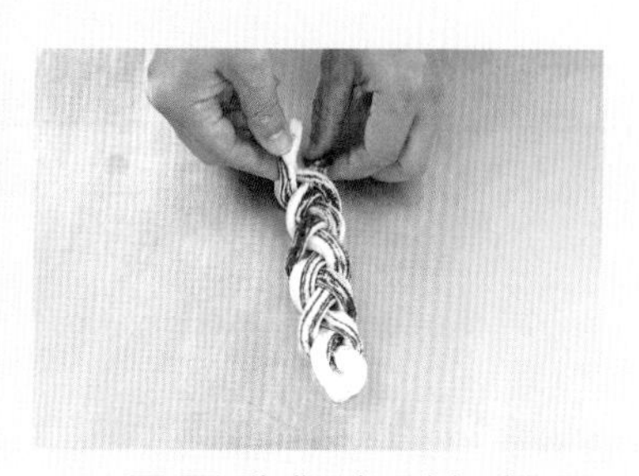

9、反覆動作直到麵糰尾端。

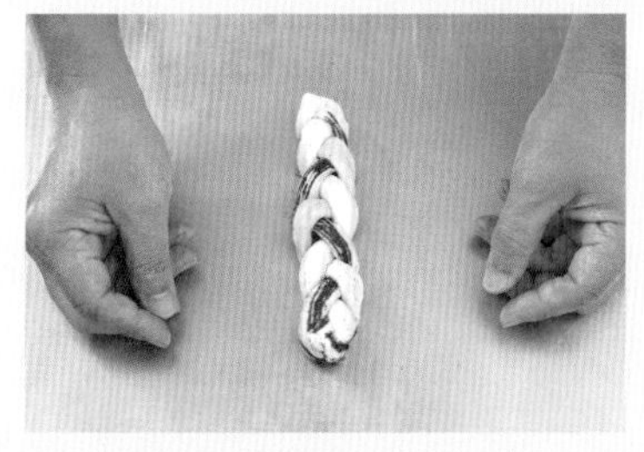

10、使麵糰成三辮狀。

11、將麵糰由上往下捲起成圓球形。

12、放入模具中，切割面朝上，此時可從麵糰表面清楚看見黑芝麻餡與麵糰交疊的層次。進行最後發酵。

13、麵糰最後發酵完成，於麵糰表面刷上蛋液。

14、撒上杏仁片。

15、擠上餅皮麵糊。

16、入烤箱，溫度上火200℃／下火190℃，烤焙時間約16分鐘。

17、完成品。

1. 鹽在麵糰攪拌的後期才加入的攪拌方法－後鹽法 (Delayed Salt Method) 的優點是什麼？

答

2. 有關鹽在烘焙產品中的作用為何？

答

01. 伯爵紅茶蛋糕

小故事分享

伯爵茶來源於 19 世紀初，威廉六世的首相從一位來自東方的朋友那裡得到一個祕密配方，將東方的多樣紅茶混和，再添加義大利 100% 純佛手柑油，便做成了這種味道清新的茶。

資料來源：https://ppfocus.com/0/fafb06df8.html

前置作業

A. 材料

1	蛋白	600g
2	砂糖	280g
3	塔塔粉	4g
4	鮮奶	200g
5	沙拉油	300g
6	西點轉化糖漿	64g
7	低筋麵粉	280g
8	伯爵紅茶粉	10g
9	蛋黃	340g

重量單位：公克

B. 英式紅茶蛋奶醬材料

鮮奶	150g
伯爵紅茶粉	10g
蛋黃	90g
細砂糖	64g
吉利丁片	6g

重量單位：公克

生乳餡材料

動物性鮮奶油	200g
植物性鮮奶油	170g

重量單位：公克

作法

蛋糕體作法

1. 將材料 4、5、6 混和均勻，再加入材料 7、8 拌勻，加入材料 9 拌勻成麵糊狀，備用。
2. 將材料 1、2、3 打至濕性發泡，分次加入作法 1，拌勻成綢緞狀紋路的麵糊。

生乳餡作法

1. 先將植物性鮮奶打發至有明顯紋路即可。
2. 將動物性鮮奶油分 3 次加入。
3. 再打發至有明顯紋路即可，冰冷藏備用。

製作步驟

蛋糕體作法

1、將鮮奶、沙拉油、轉化糖漿，混和均勻。

2、加入低筋麵粉、伯爵紅茶粉攪拌均勻。

3、再加入蛋黃，攪拌均勻成麵糊狀，備用。

打發蛋白

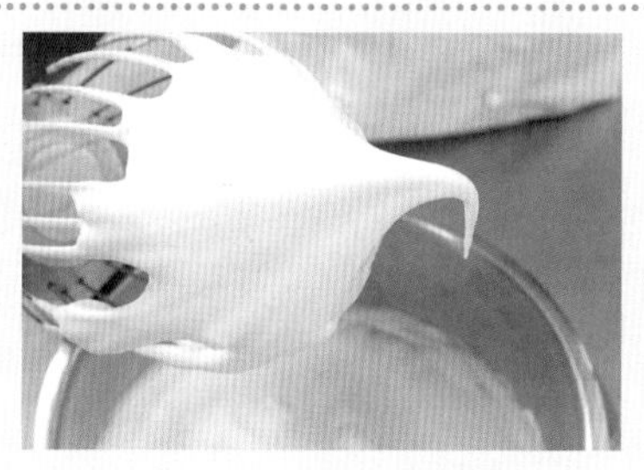

4、加入蛋白、砂糖、塔塔粉。

5、打發至濕性發泡。

6、打發蛋白分次加入伯爵紅茶麵糊中。

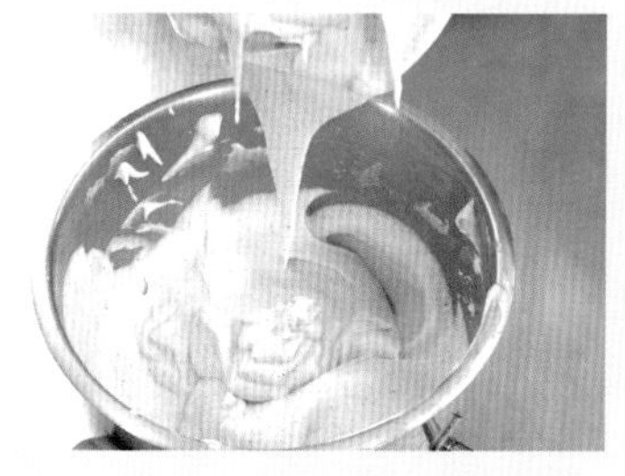

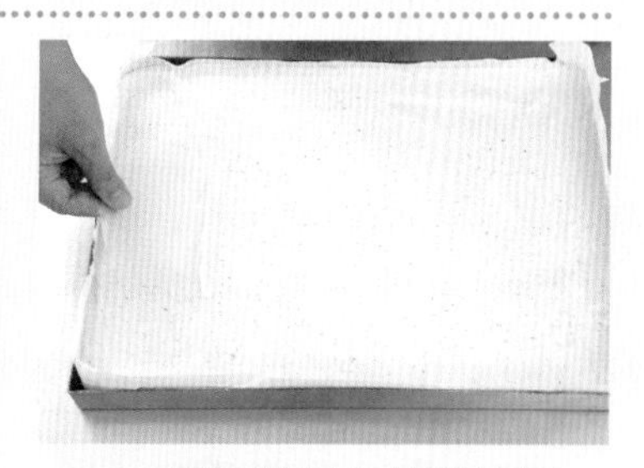

7、攪拌均勻。

8、拌成綢緞狀紋路的麵糊。

9、將麵糊倒入烤盤抹平。

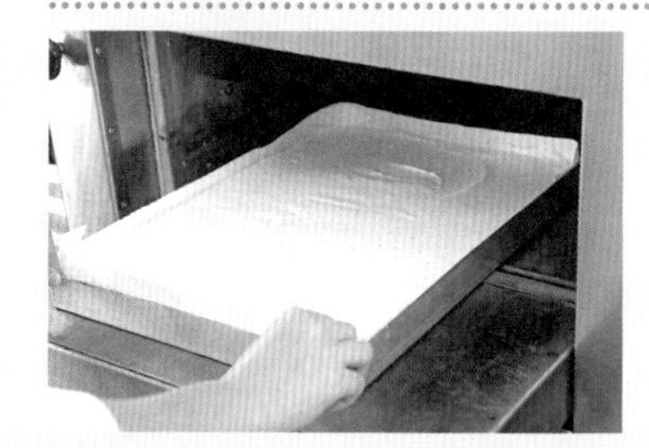

10、入烤箱，上火200℃／下火150℃，烤焙12分鐘。再改上火160℃／下火150℃，烤焙5分鐘，出爐後，重敲並將邊紙拉開，靜置冷卻。

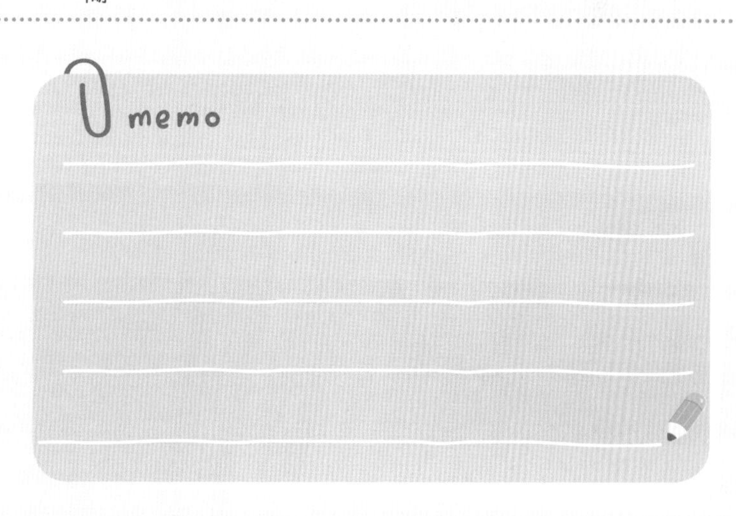

英式紅茶蛋奶醬作法

1、將蛋黃、砂糖攪拌均勻，備用。

2、鮮奶加伯爵紅茶粉煮沸。

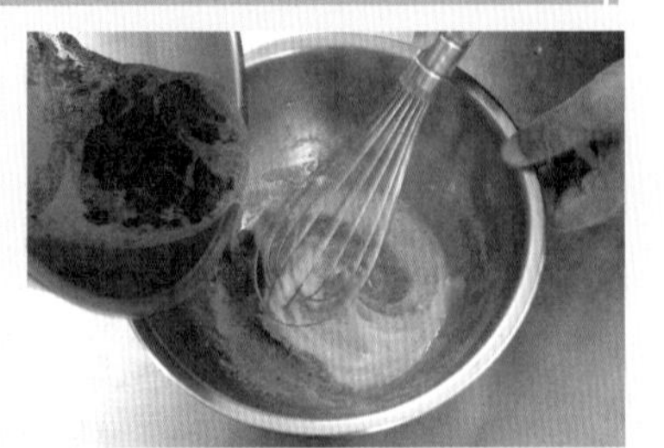

3、倒入蛋黃糖液，持續加熱攪拌至糊化濃稠狀。

4、再加入吉利丁片（需先泡冰水軟化，擠乾水分），拌至吉利丁片溶解即可，冷藏備用。

5、將伯爵紅茶蛋奶醬從冷藏取出，蛋奶醬先拌勻，再把生乳餡分次加入。

6、將伯爵紅茶蛋奶醬與生乳餡混和均勻，冷藏備用。

蛋糕組合

1、蛋糕體均勻抹上伯爵紅茶蛋奶醬。

2、用擀麵棍輔助捲起。

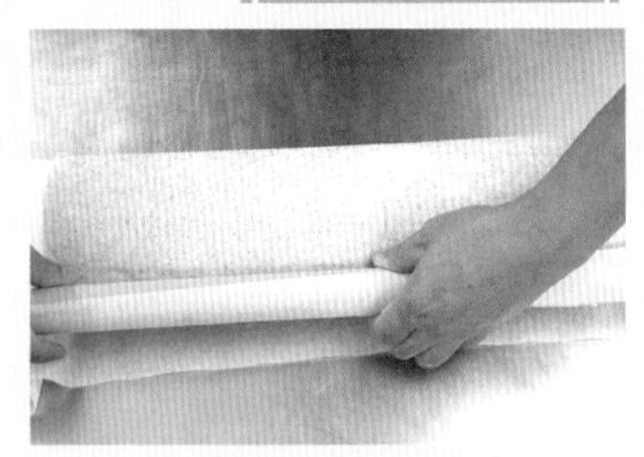

3、冷藏定型即可。

4、完成品。

1. 製作蛋糕時為促進蛋白之潔白性及韌性，打發蛋白時可適量加入何種材料？

 答

2. 製作海綿蛋糕，若配方中之蛋和糖要隔水加熱，其加熱之溫度勿超過幾度？

 答

3. 輕奶油蛋糕之配方中含有較多之化學膨脹劑，因此在製作時通常與重奶油蛋糕較不同點是什麼？

 答

02. 香蕉磅蛋糕

小故事分享

磅蛋糕食譜是 18 世紀時由英國開始流傳，在當時還沒有膨發劑（如 baking soda）的年代，食材很單純又好記：麵粉、奶油、糖和蛋都各一磅（453 公克），主要仰賴打發蛋白定型後，再與其他材料混和烘烤而成。

資料來源：https://everylittled.com/article/139983

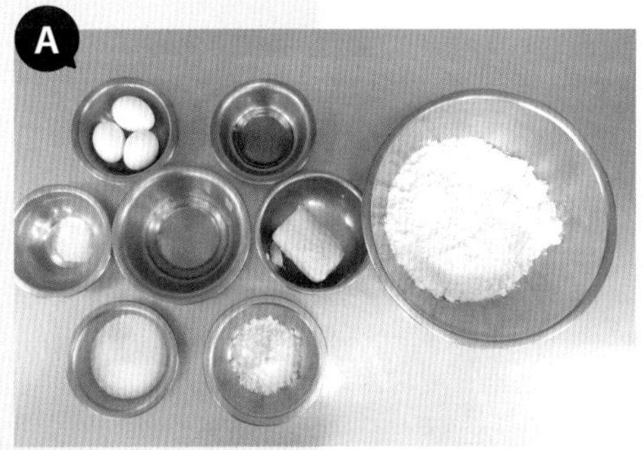

A. 材料

1	奶油	420g
2	糖粉	180g
3	砂糖	180g
4	全蛋	9 個
5	低筋麵粉	510g
6	泡打粉	5g
7	蘭姆酒	30g
8	蜂蜜	60g

重量單位：公克

B. 香蕉泥材料

1	香蕉	3 根
2	奶油 A	30g

重量單位：公克

作法

蛋糕體作法

1. 將 A 材料 1 放置常溫軟化，加入材料 2 打發。
2. 將材料 3、4 混和均勻，分次加入作法 1 打發，再加入拌炒過的香蕉泥拌勻，加入材料 5、6 拌勻，加入材料 7、8 混和均勻。

製作步驟

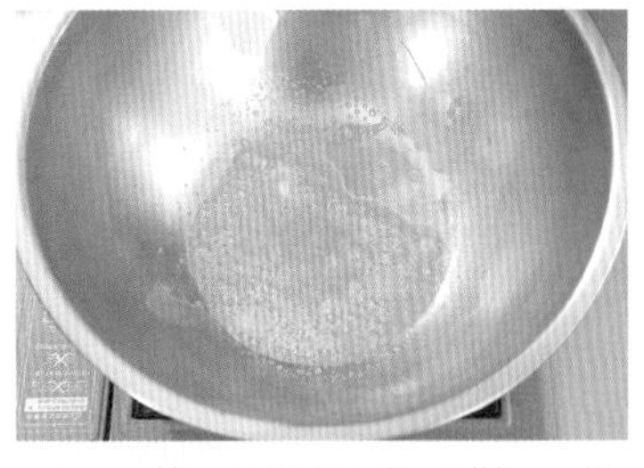

1、將香蕉切成丁狀，加入奶油A 。

2、拌炒成泥狀，冷卻備用。

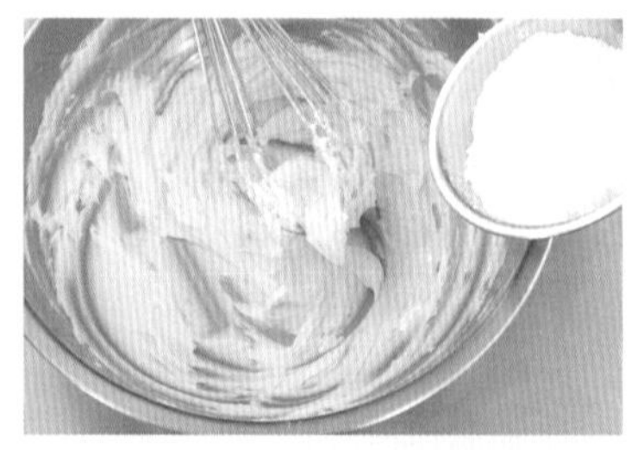

3、將奶油放置常溫軟化，加入糖粉攪拌至乳白色。

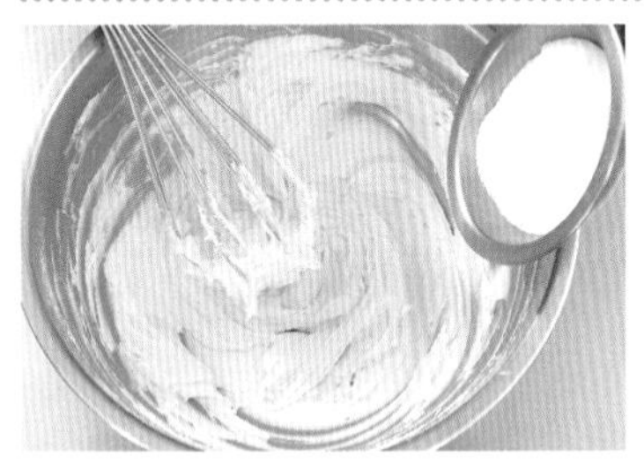

4、加入砂糖，攪拌至乳白色。

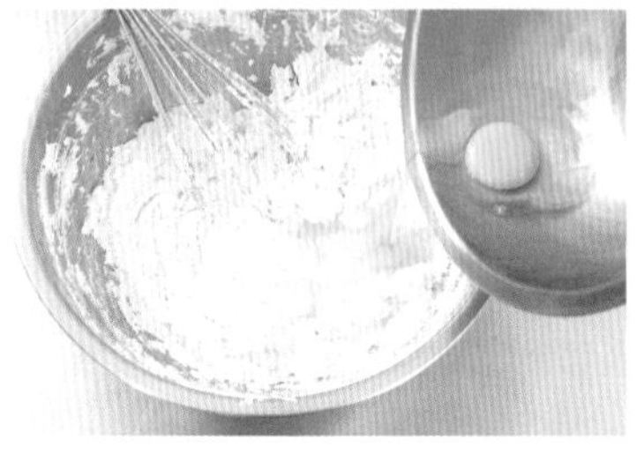

5、將全蛋分次加入，持續打發至乳白色。

6、再加入香蕉泥拌勻。

7、加入低筋麵粉、泡打粉拌勻。

8、再加入蘭姆酒、蜂蜜拌勻即可。

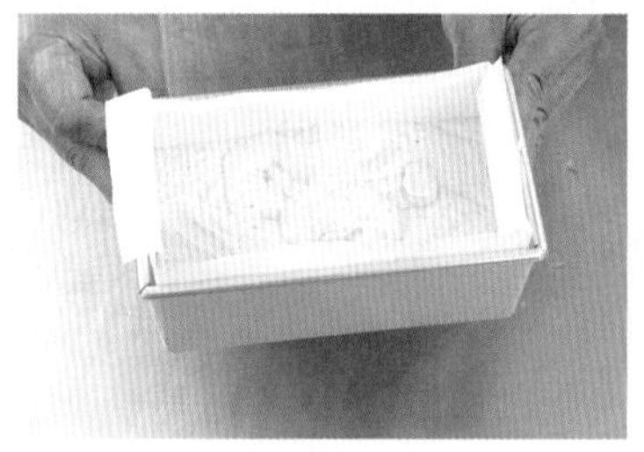

9、將麵糊填入模具約8分滿，輕輕震平。

10、入烤箱，上火180℃／下火140℃，烤焙20分鐘，轉上火150℃／下火140℃，再烤焙25分鐘。

11、完成品。

職人延伸 Q&A

1. 水果派餡的調製，應注意哪些事項？

 答

2. 海綿或戚風蛋糕的頂部呈現深色之條紋是什麼原因？

 答

03. 芒果重乳酪

小故事分享

重乳酪，就是指乳酪味道比較濃郁的乳酪。乳酪成分高於 60% 的乳酪蛋糕，作法沒有分蛋（蛋黃、蛋白分開），是用全蛋拌勻製作而成；輕乳酪，就是指乳酪味道比較清爽的乳酪。乳酪成分低於 50%。以作法來說，輕乳酪就是分蛋的方式製作，把蛋白跟蛋黃分開，蛋白打發後與蛋黃攪拌均勻。

資料來源：https://buysire.com/2021/09/13/differences-between-cheeses/

前置作業

A. 材料

1	奶油乳酪	1000g
2	砂糖	220g
3	蛋白	220g
4	原味優格	240g
5	動物性鮮奶油	70g
6	芒果泥	400g

重量單位：公克

B. 奶油餅乾材料

1	奇福餅乾碎	300g
2	奶油	100g

重量單位：公克

C. 裝飾材料

	材料	數量
1	檸檬皮	1 個

重量單位：公克

＊裝飾性食材可依個人喜好調整。

作法

1. 將 A 材料 1 放置常溫軟化，加入材料 2 混和均勻。
2. 材料 3 分次加入拌勻。
3. 材料 4 分次加入拌勻。
4. 加入材料 5 拌勻，最後加入材料 6 混和均勻。

製作步驟

1、將奶油融化，加入碎奇福餅乾。

2、攪拌均勻。

3、模具均勻噴上烤盤油，將碎餅乾填入模具壓實備用。

4、將奶油乳酪放置常溫軟化。

5、加入砂糖，使用槳狀攪拌器，拌至砂糖溶解混和均勻。

6、依序加入蛋白。

7、加入原味優格。

8、加入動物性鮮奶油。

9、加入芒果泥。

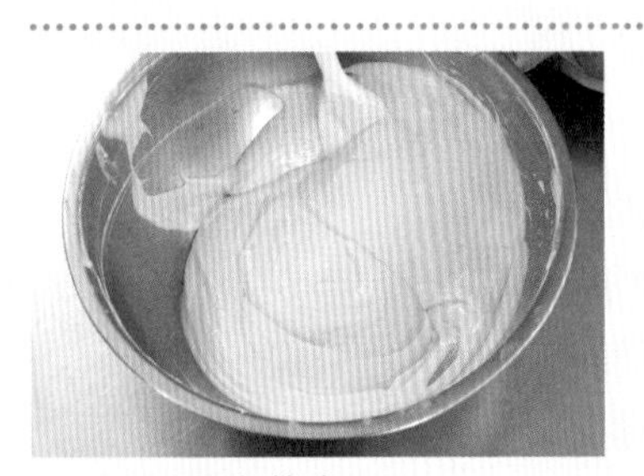

10、混和均勻。

11、將芒果乳酪填入模具約8分滿。

12、輕輕震平。

13、烤盤加入水，水深約1.5公分，以上火180℃／下火140℃，烤焙15分鐘，轉向上火150℃／下火140℃，再烤焙8分鐘。

14、完成品。

職人延伸 Q&A

1. 製作蒸烤乳酪蛋糕時，常發現乳酪沉底，其可能的原因為哪些？

答

2. 製作乳酪蛋糕的乳酪 (Cream Cheese) 宜儲存在多少溫度？

答

3. 蒸烤乳酪蛋糕，在銷售時應儲存在多少溫度？

答

04. 草莓風火輪

小故事分享

英國甜點師創造性的把海綿蛋糕上面抹上果醬，做成一個蛋糕卷，給新的蛋糕卷起了一個名字－「瑞士卷」（swiss roll cake），這個甜點師絕對是一名行銷高手，一方面「瑞士卷」給人有異域風格的感覺，另一方面可以給人一種安全感，意思是這個新產品不是一個全新的產品，而是一個舊有產品的再次創新，或者是一種新的表達，這讓人更容易接受。

資料來源：https://kknews.cc/food/2nkoz39.html

前置作業

A. 材料		
1	牛奶	150g
2	沙拉油	120g
3	砂糖 A	120g
4	低筋麵粉	260g
5	玉米粉	30g
6	泡打粉	5g
7	蛋黃	300g
8	蛋白	580g
9	砂糖 B	230g
10	塔塔粉	4g
11	鹽	2g
12	草莓果醬	300g

重量單位：公克

B. 奶油霜材料		
1	奶油	280g
2	糖粉	60g
3	煉乳	60g

重量單位：公克

作法

蛋糕體作法

1. 將 A 材料 1、2、3 攪拌均勻，加入材料 7 攪拌均勻，加入材料 4、5、6 攪拌均勻成麵糊。
2. 將材料 8、9、10、11 打至 9 分發，分次加入作法 1 中，攪拌均勻成綢緞狀紋路的麵糊。

奶油霜作法

　　將奶油放置長溫軟化拌勻，加入糖粉打發至乳白色，加入煉乳拌勻即可。

蛋糕體作法

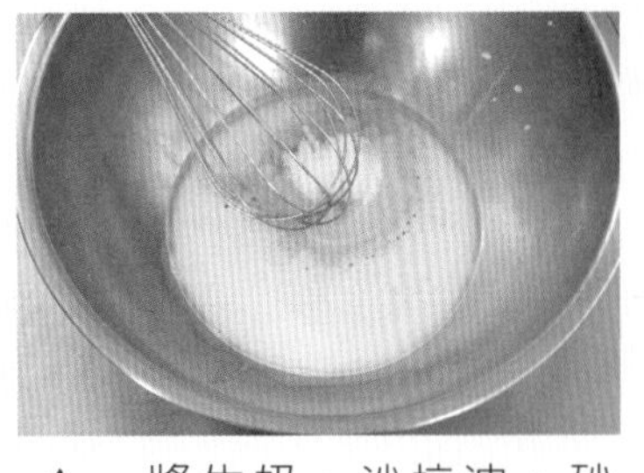

1、將牛奶、沙拉油、砂糖A攪拌至砂糖溶解。

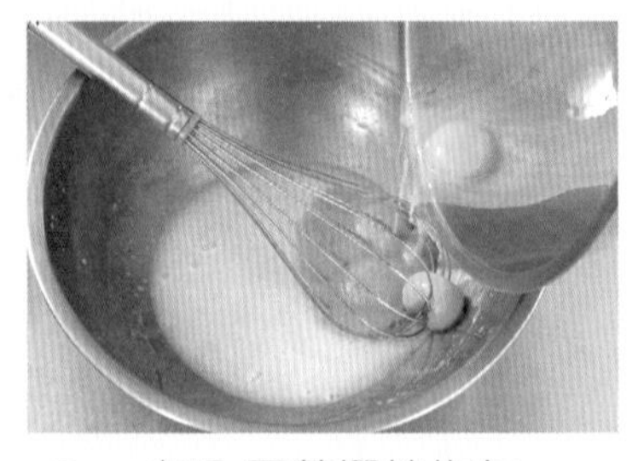

2、加入蛋黃攪拌均勻。

3、再加入過篩低筋麵粉、玉米粉、泡打粉。

4、攪拌均勻備用。

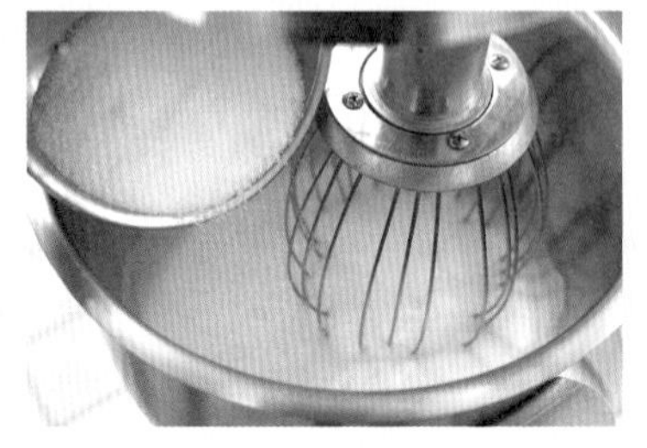

5、將蛋白、砂糖B、塔塔粉、鹽一起加入。

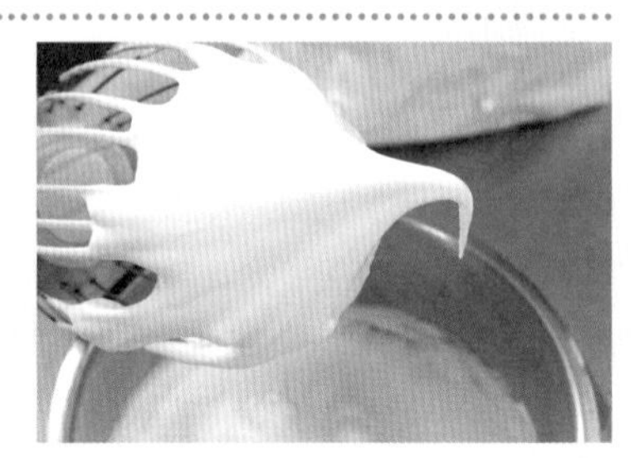

6、打至濕性發泡。

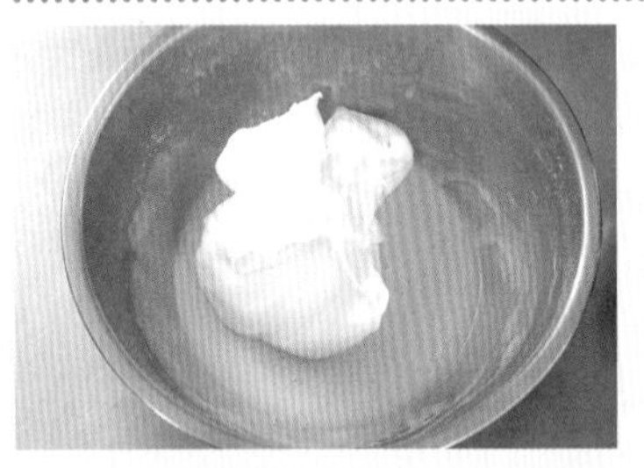

7、打發蛋白分次加入蛋黃麵糊中。

8、攪拌均勻成綢緞狀紋路的麵糊。

9、麵糊倒入烤盤抹平。

10、於麵糊表面擠上草莓醬，間距盡量約1~5公分。

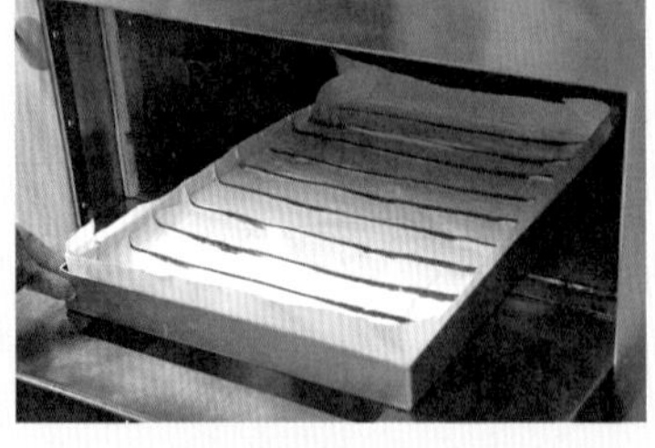

11、移進烤箱以上火200℃／下火150℃，烤焙12分鐘；再改上火160℃／下火150℃，烤焙5分鐘，出爐後重敲並將邊紙拉開，靜置冷卻。

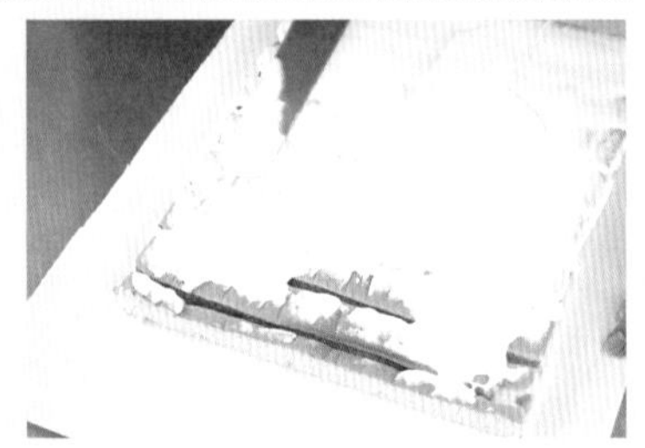

12、有草莓果醬那面朝上，均勻抹上奶油霜。

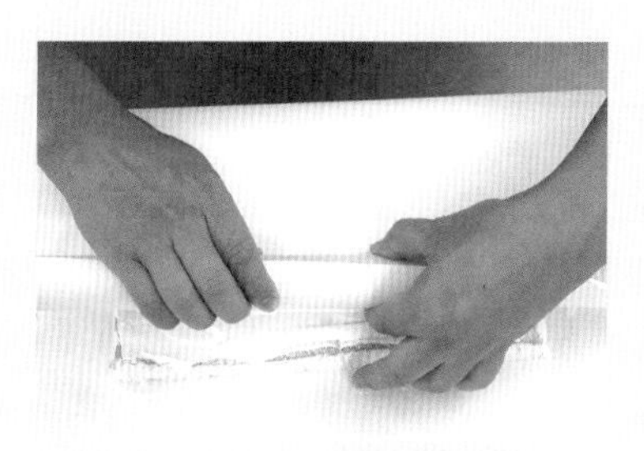

13、用擀麵棍輔助捲起，冷藏定型即可。

14、完成品。

職人延伸 Q&A

1. 蛋糕裝飾用的霜飾，哪一種霜飾在操作時比較不容易受到溫度限制？

答

2. 草莓、咖啡、巧克力、香草海綿蛋糕，在製作時哪一種最容易消泡？

答

3. SP 海綿蛋糕、戚風蛋糕、長崎蛋糕等，哪一種麵糊攪拌後比較不容易消泡？

答

05. 古典巧克力蛋糕

小故事分享

法國人取名古典巧克力蛋糕，在美國則稱為「魔鬼蛋糕」。口感是入口即化的膏狀口感，蛋白霜製成的蛋糕體吃起來較鬆，其有奶油與巧克力的濃郁，巧克力材料占一半以上，口感完全取決於巧克力的品質。

資料來源：https://blog.pinkoi.com/tw/lifestyle/2109-chocolate-cake-recipe/

前置作業

材料	
1 54% 調溫巧克力	360g
2 奶油	270g
3 動物性鮮奶油	360g
4 可可粉	150g
5 低筋麵粉	170g
6 蛋黃	260g
7 砂糖 A	140g
8 蛋白	430g
9 砂糖 B	400g

重量單位：公克

作法

1. 將材料 2、3 加熱至 80℃，加入材料 1 攪拌至完全溶解，加入材料 4、5 拌勻，成巧克力麵糊。
2. 將材料 6、7 打發至淡黃色，分次加入作法 1。
3. 材料 8、9 打至濕性發泡，分次加入作法 2，拌勻成綢緞狀紋路的麵糊即可。

製作步驟

1、將奶油、動物性鮮奶油加熱至80℃。

2、加入54%調溫巧克力，進行攪拌。

3、攪拌至巧克力完全溶解，加入過篩可可粉、低筋麵粉。

4、將可可粉、低筋麵粉拌勻，成巧克力麵糊，備用。

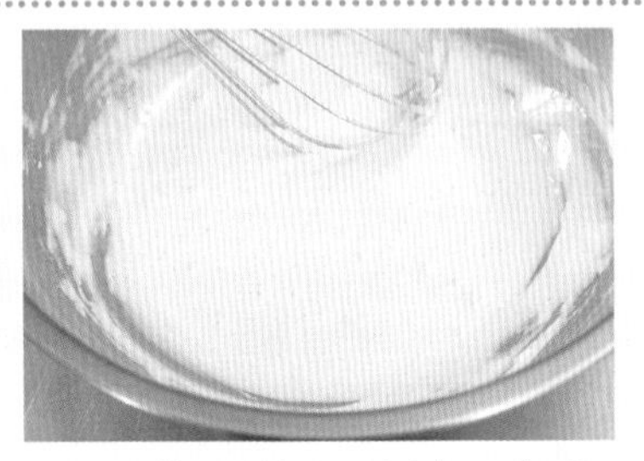

5、將蛋黃、砂糖一起打發至淡黃色。

6、將打發蛋黃分次加入巧克力麵糊。

7、拌勻成光滑細緻巧克力麵糊。

8、將蛋白、砂糖打至濕性發泡，分次加入巧克力麵糊。

9、拌勻成綢緞狀紋路的麵糊即可。

10、將麵糊填入模具。

11、填至約7分滿。

12、烤盤加入冷水，水深約1.5公分，以上火180℃／下火140℃，烤焙20分鐘；轉向上火160℃／下火140℃，再烤焙30分鐘。

13、出爐冷卻，冰冷凍後，取出脫模即可。，即完成。

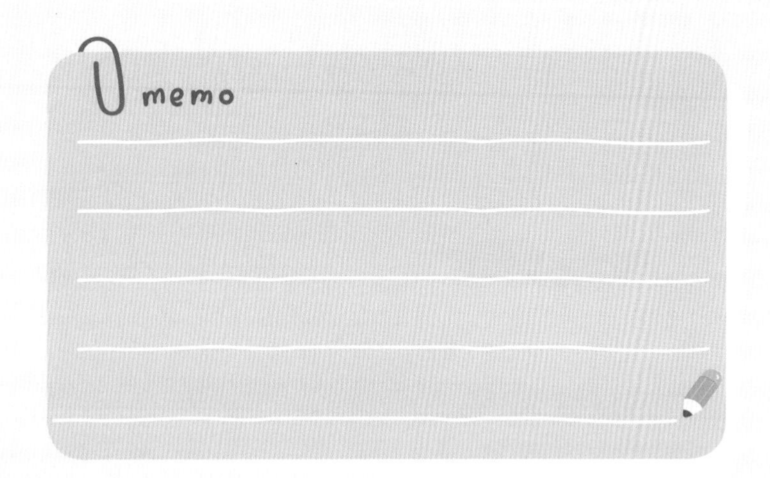

職人延伸 Q&A

1. 製作巧克力蛋糕使用天然可可粉時，可在配方中加入適量的何種材料？

 答

2. 一般使用可可粉製作巧克力產品時，欲使顏色較深可添加何種材料？

 答

06. 義式奶酪蛋糕

小故事分享

起司中之藍紋起司介紹：

這種起司是在結塊之後，撒上灰綠青黴，然後壓塊。這種細菌會長成綠色條紋，最有名的是義大利的戈貢佐拉起司(Gorgonzola)、法國的羅克福起司(Roquefort)和英國的斯蒂爾頓起司(Blue Stilton)。

資料來源：https://zh.wikipedia.org/zh-tw

前置作業

A. 材料

1	蛋	450g
2	蛋黃	160g
3	砂糖	220g
4	蜂蜜	40g
5	鹽	1g
6	低筋麵粉	190g
7	鮮奶	54g
8	水麥芽	36g
9	沙拉油	30g

重量單位：公克

B. 起司香緹材料

1	奶油乳酪	150g
2	鮮奶	42g
3	植物性鮮奶油	322g

重量單位：公克

作法

蛋糕體作法

1. 將 A 材料 1、2、3、4、5 隔水加熱，再打發至乳白色。
2. 加入材料 6 攪拌均勻。
3. 將材料 7、8、9 加熱至 45℃，再加入攪拌均勻。

起司香緹作法

將奶油乳酪隔水軟化，加入鮮奶攪拌均勻，再加入打發植物性鮮奶油，攪拌均勻，冰冷藏備用。

製作步驟

蛋糕體作法

1、加入蛋、蛋黃、砂糖。

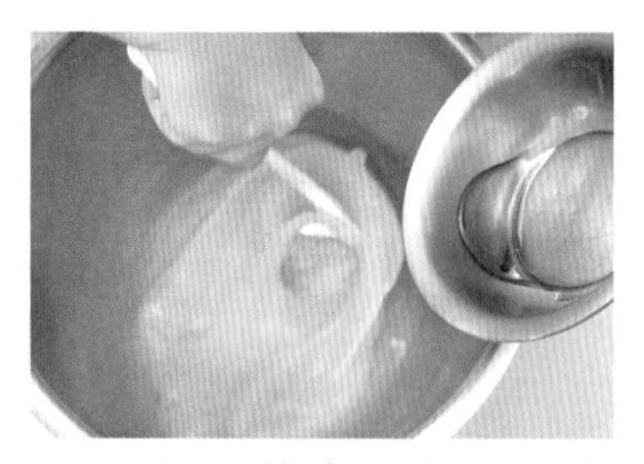

2、加入蜂蜜、鹽，隔水加熱至45℃。

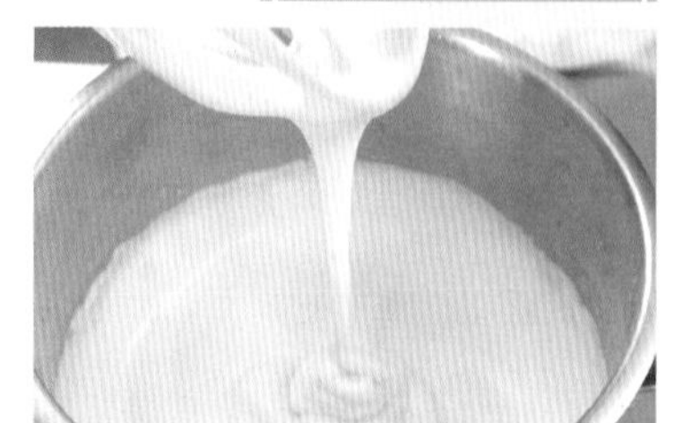

3、再以球狀攪拌器高速攪拌至乳白色，再換中速持續打發至拉起蛋黃糊，滴落的蛋黃糊可重疊紋路不易消失。

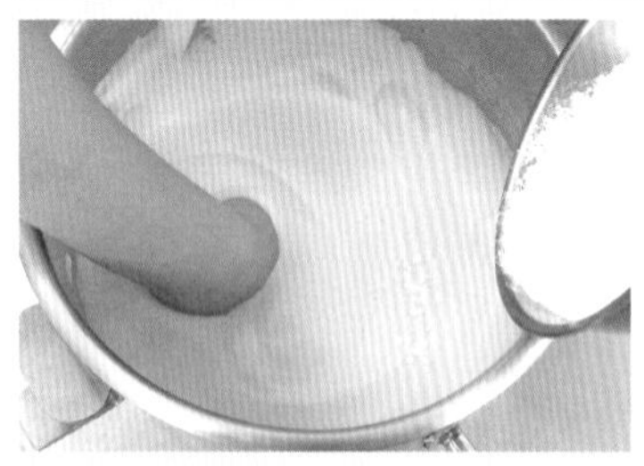

4、加入過篩低筋麵粉，用手攪拌均勻。

5、將鮮奶、水麥芽、沙拉油隔水加熱至45℃。

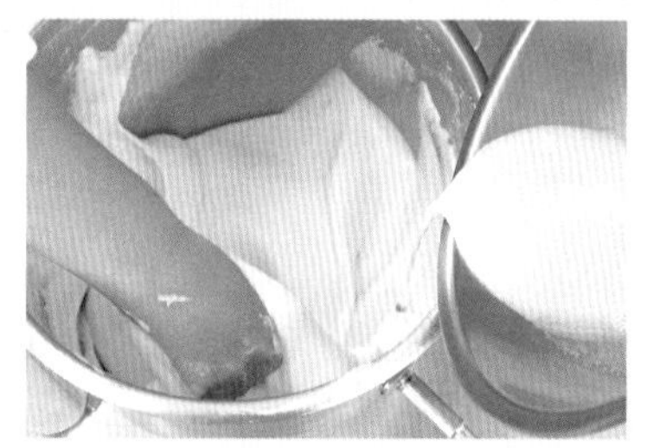

6、再加入麵糊，用手攪拌均勻。

7、麵糊倒入烤盤，抹平。

8、移進烤箱以上火200℃／下火150℃，烤焙12分鐘，再改上火160℃／下火150℃，烤焙5分鐘。出爐後重敲，並將邊紙拉開，靜置冷卻。

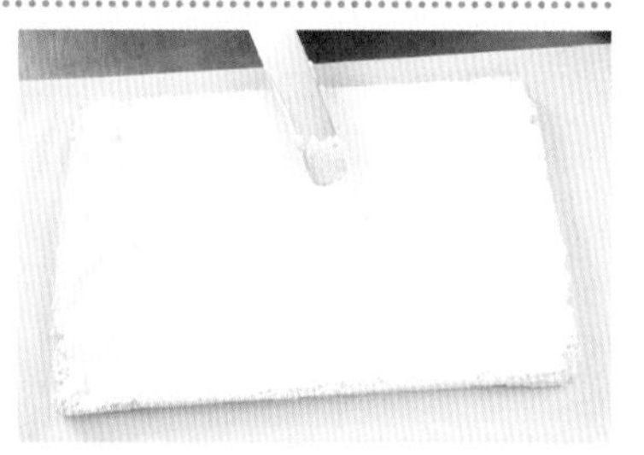

9、表皮朝下，均勻抹上起司香緹。

10、用擀麵棍輔助捲起。

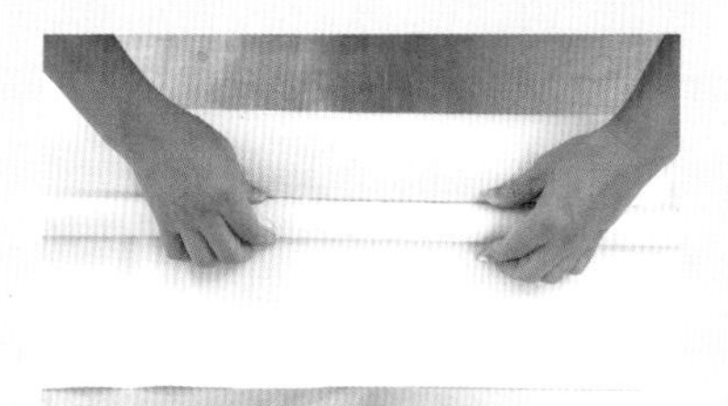

11、冷藏定型即可。

12、完成品。

職人延伸 Q&A

1. 蛋糕用的麵粉應採用何種條件的麵粉？

答

2. 蛋黃中的油脂含量比例 (%) 為多少？

答

3. 蛋糕配方內如韌性原料使用過多，出爐後的成品表皮會如何？

答

07. 愛爾蘭咖啡乳酪蛋糕

小故事分享

Joseph Sheridan 在 1940 年代發明愛爾蘭咖啡（愛爾蘭語：Caif Gaelach，英語：Irish coffee）是以雞尾酒調製手法，以熱咖啡、愛爾蘭威士忌、糖混和攪拌而成，最後加上一層奶油，有個別名叫做天使的眼淚。為自己心愛的人調上一杯純正的愛爾蘭咖啡，是無聲也是傷感的訴說。

資料來源：https://zh.wikipedia.org/

前置作業

A. 材料

1	奶油乳酪	1000g
2	砂糖	250g
3	全蛋	350g
4	咖啡粉	16g
5	熱水	33g
6	愛爾蘭奶酒	50g

重量單位：公克

B. 奶油餅乾材料

1	奇福餅乾	300g
2	無鹽奶油	100g

重量單位：公克

作法

1. A 將材料 1 放置常溫軟化。
2. 加入材料 2 混和均匀。
3. 材料 3 分次加入。
4. 將材料 4、5 混和成咖啡液加入攪拌均匀。
5. 加入材料 6 混和均匀。

製作步驟

1、將奶油融化，加入碎奇福餅乾。

2、攪拌均勻。

3、模具均勻噴上烤盤油，將碎餅乾填入模具壓實備用。

4、咖啡粉加熱水，混和成咖啡液，冷卻備用。

5、將奶油乳酪放置常溫軟化。

6、加入砂糖用槳狀攪拌器拌至砂糖溶解混和均勻。

7、全蛋分次加入。

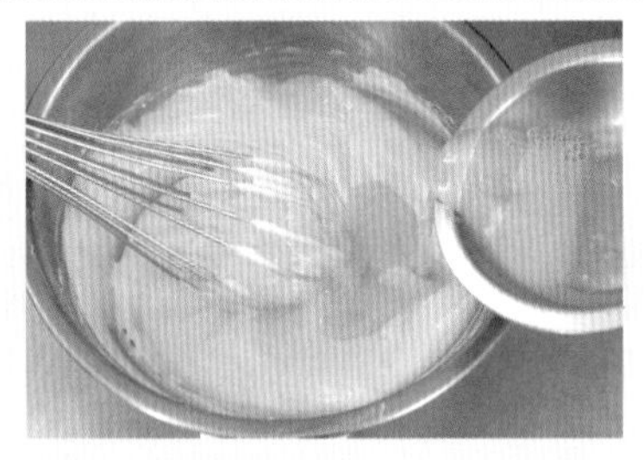

8、攪拌均勻。

9、加入咖啡液、愛爾蘭奶酒拌勻即可。

10、將咖啡乳酪填入模具約8分滿，輕輕震平。

11、烤盤加入水，水深約1.5公分，以上火180℃ / 下火140℃，烤焙15分鐘，轉向上火150℃ / 下火140℃，再烤焙8分鐘。

12、完成品。

1. 哪些慕斯 (Mousse) 配方中無動物膠即可完成慕斯產品？

答

2. 哪些原因導致三層乳酪慕斯派餅乾底鬆散？

答

08. 瑪德蓮

小故事分享

瑪德蓮－貝殼蛋糕發源自法國東北部洛林大區的兩個市鎮－科梅爾西和利韋爾丹，瑪德蓮蛋糕簡稱瑪德蓮、又稱貝殼蛋糕，是一種傳統的貝殼形狀的小蛋糕，以濃稠且呈膏狀的質地為特點，奶油的味道極厚重，像檸檬口味的磅蛋糕。

資料來源：https://zh.wikipedia.org/zh-tw

材料

1 全蛋	4 個
2 香草莢	半條
3 砂糖	160g
4 泡打粉	6g
5 低筋麵粉	160g
6 咖啡粉	7g
7 奶油	200g
8 苦甜巧克力	100g

重量單位：公克

作法

1. 將材料 1、2、3 混和攪拌均勻。
2. 加入材料 4、5、6 攪拌均勻。
3. 再將材料 7 分次加入攪拌均勻。
4. 最後加入材料 8 攪拌均勻，冰冷藏。

製作步驟

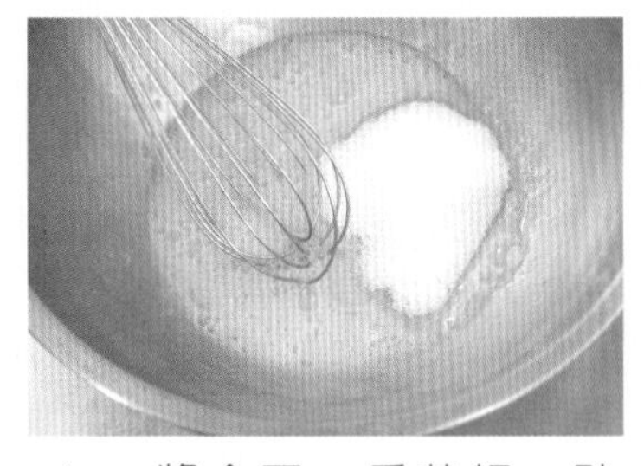

1、將全蛋、香草籽、砂糖攪拌均勻。

2、加入過篩低筋麵粉、泡打粉、咖啡粉，攪拌均勻。

3、將奶油加熱至65℃。

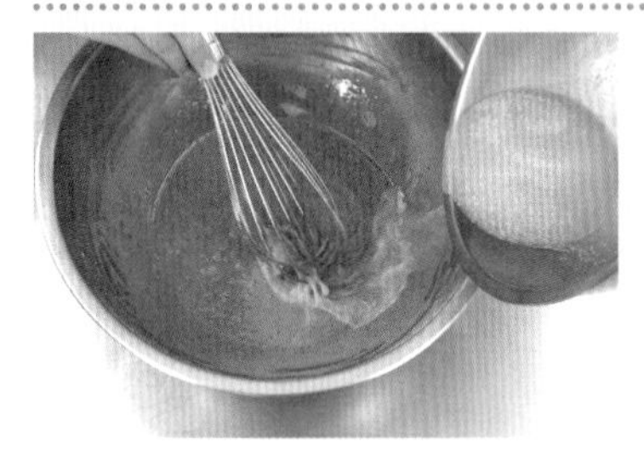

4、分次加入麵糊攪拌均勻。

5、苦甜巧克力隔水溶化，加入麵糊攪拌均勻。

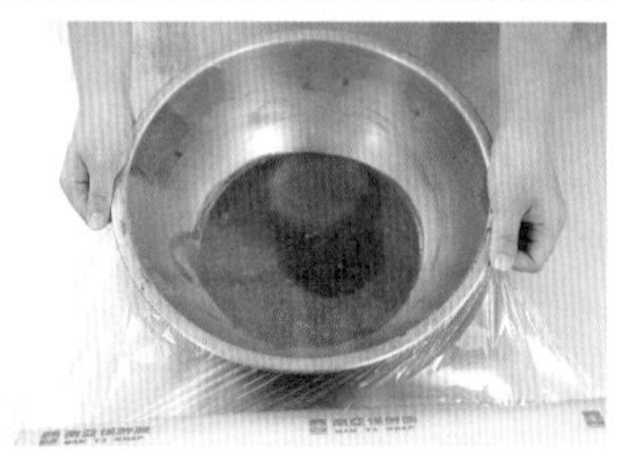

6、封保鮮膜冷藏6小時。

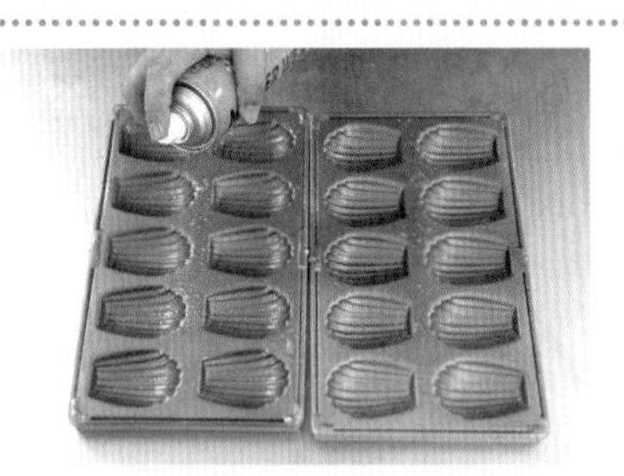

7、模具均勻噴上烤盤油。

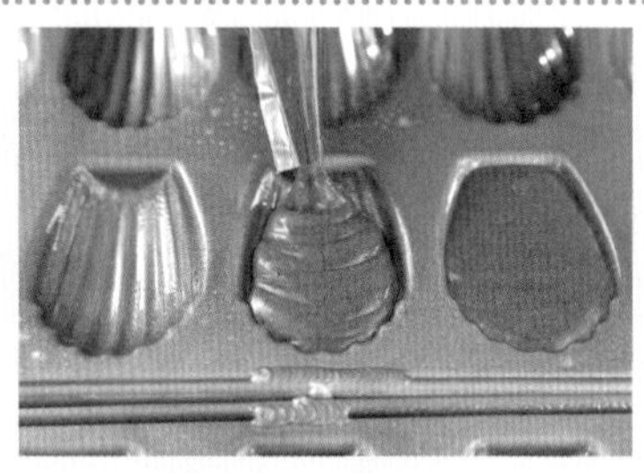

8、麵糊擠入模具。

9、輕輕震平。

10、入烤箱，上火200℃／下火200℃，烤焙18分鐘。

11、完成品。

職人延伸 Q&A

1. 製作麵糊類蛋糕，細砂糖用 100%，若 30% 的細砂糖，換成果糖漿，其果糖漿的使用量為多少？（果糖漿之固體含量以 75% 計之）

答

2. 殼蛋蛋白拌打時最佳溫度為多少？

答

09. 台式馬卡龍

小故事分享

馬卡龍最早出現在義大利的修道院，當時有位名為 Carmelie 的修女為了替代葷食，而製作這種由杏仁粉製成的甜點，又稱為修女的馬卡龍。

資料來源：https://zh.wikipedia.org/wiki

前置作業

材料

1	全蛋	250g
2	蛋黃	150g
3	砂糖	350g
4	低筋麵粉	400g

重量單位：公克

奶油霜材料

1	奶油	280g
2	糖粉	60g
3	煉乳	60g

重量單位：公克

作法

蛋糕體作法

1. 將材料 1、2、3 混和隔水加熱至 45℃，再打發至乳白色。
2. 再加入材料 4 攪拌均勻。

奶油霜作法

1. 將奶油放置長溫軟化攪拌均勻。
2. 加入糖粉打發至乳白色，加入煉乳攪拌均勻即可。

製作步驟

蛋糕體作法

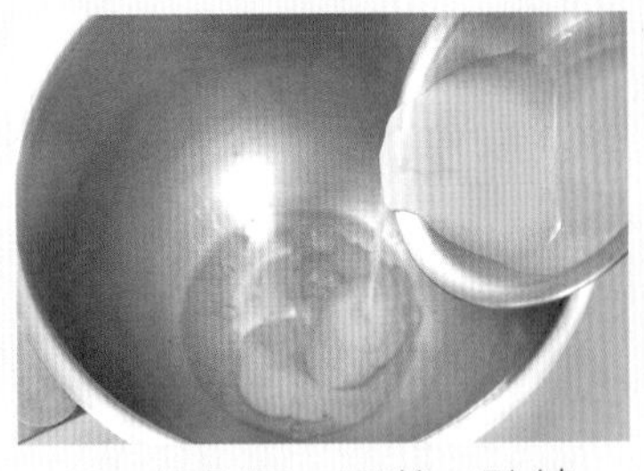

1、加入蛋、蛋黃、砂糖。

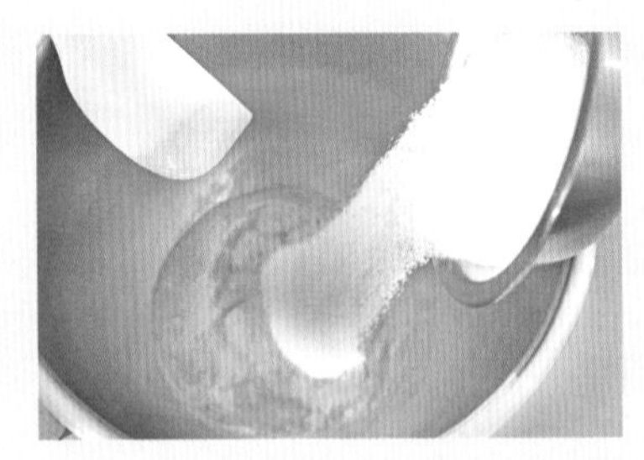

2、加入蜂蜜、鹽，隔水加熱至45℃。

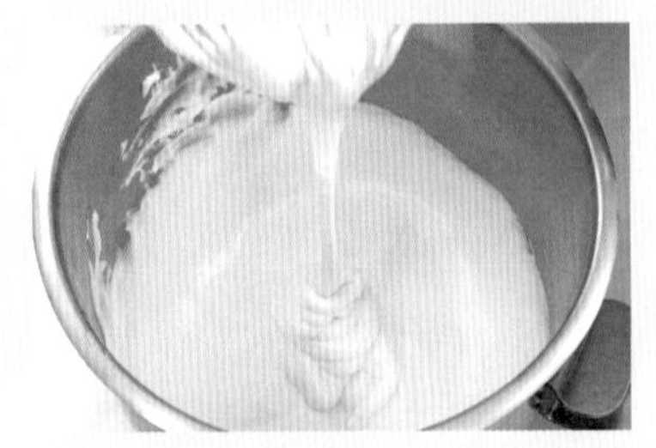

3、再以球狀攪拌器高速攪拌至乳白色，再換中速持續打發至拉起蛋黃糊，滴落的蛋黃糊可重疊紋路不易消失。

4、加入過篩低筋麵粉，用手攪拌均匀。

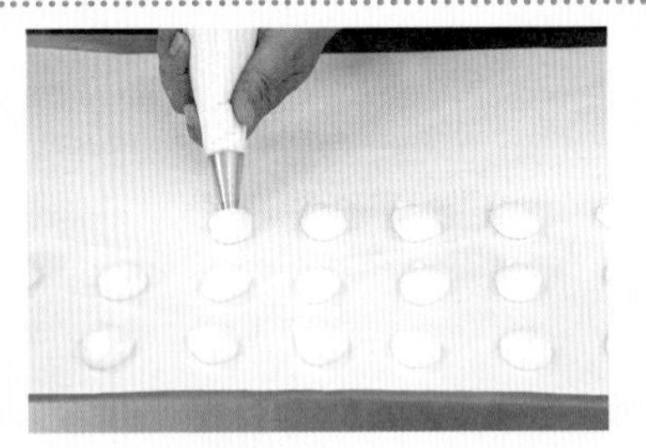

5、將麵糊裝入擠花袋擠成直徑約3公分圓型。

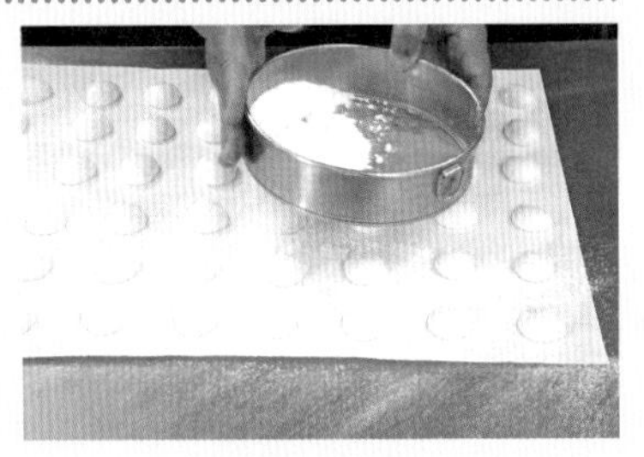

6、於表面均勻灑上糖粉。

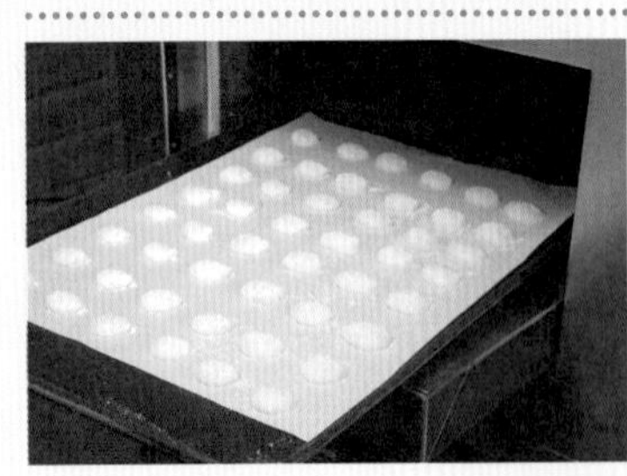

7、入烤箱，上火250℃／下火140℃，烤焙6分鐘。

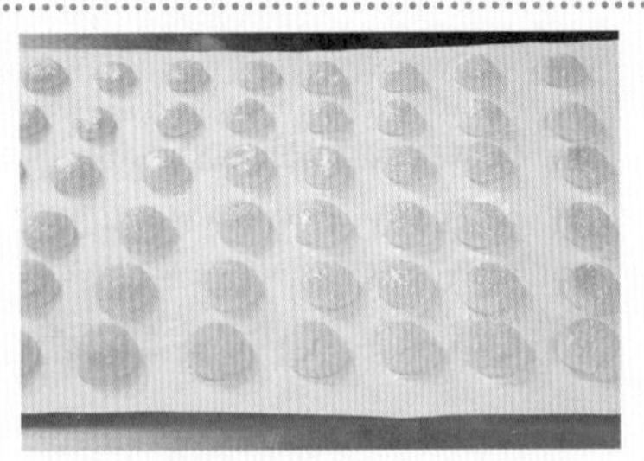

8、待蛋糕冷卻。

9、用塑膠刮板將蛋糕鏟起與白報紙分離。

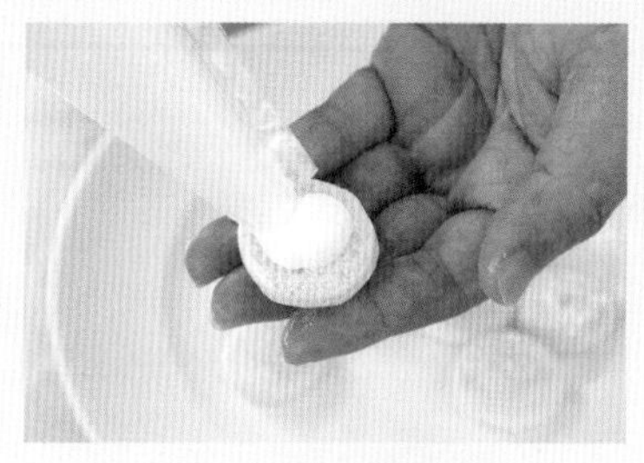

10、取大小一致蛋糕2片，取1片擠上適量奶油霜。

11、再蓋上另一片蛋糕即可。

12、完成品。

職人延伸 Q&A

1. 奶油空心餅的麵糊在最後階段可以用下列何種原料來控制濃稠度？

答

2. 海綿蛋糕配方中若蛋的用量增加，則蛋糕的膨脹性如何？

答

10. 鹹味磅蛋糕

小故事分享

磅蛋糕的歷史可以追溯至 18 世紀初，而磅蛋糕最早一詞由 Hannah Glasse 在她的 Art of Cookery（1747 年出版）裡提及，因為配方裡麵粉、油脂、糖和雞蛋中的每一種份量都是整齊劃一為 1 磅，因此配方容易記憶，而使磅蛋糕受到青睞。

資料來源：https://zh.wikipedia.org/zh-tw

材料

1	高筋麵粉	360g
2	泡打粉	12g
3	蛋	360g
4	橄欖油	160g
5	鮮奶	200g
6	鹽	6g
7	義大利香料	4g
8	帕瑪森起士粉	100g
9	白胡椒粉	10g
10	黑胡椒	6g
11	玉米粒	140g
12	培根	230g
13	燻雞肉	230g

重量單位：公克

1. 將材料 3、4、5 混和攪拌均勻。
2. 加入材料 6、7、8、9、10 攪拌均勻。
3. 加入材料 1、2 攪拌均勻，成麵糊。
4. 加入材料 11、12、13 攪拌均勻。

製作步驟

1、將蛋、橄欖油、鮮奶一起加入攪拌均勻。

2、加入鹽、義大利香料、帕瑪森起士粉、白胡椒粉、黑胡椒，攪拌均勻。

3、加入高筋麵粉、泡打粉。

4、攪拌均勻，成麵糊。

5、將培根、燻雞肉切成丁狀、玉米粒一起加入麵糊攪拌均勻。

6、將麵糊填入模具約8分滿，輕輕震平。

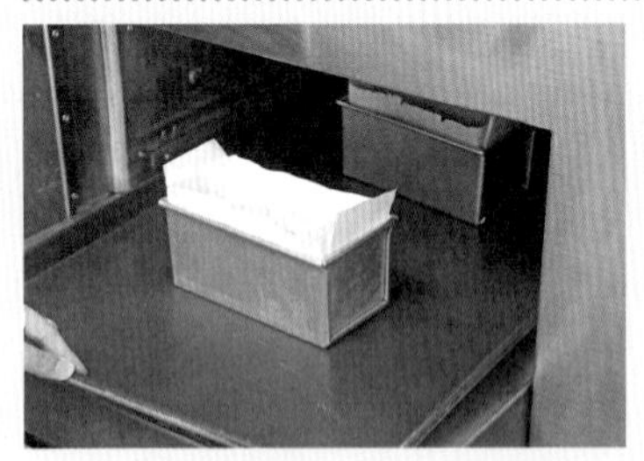

7、入烤箱，上火180℃／下火140℃，烤焙20分鐘，轉向上火150℃／下火140℃，再烤焙25分鐘，出爐脫模，拆開烘焙紙，冷卻。

8、完成品。

職人延伸 Q&A

1. 奶油空心餅在烤爐中呈扁平狀擴散的原因為何？

 答

2. 砂糖對小西餅製作產生的功能為何？

 答

3. 何種蛋糕出爐後，必須翻轉冷卻？

 答

11. 檸檬天使蛋糕

小故事分享

起源於美國，在 19 世紀末就開始流行，天使蛋糕 (Angel Cak) 應用麵粉、蛋白、糖和塔塔粉製成的海綿蛋糕，與其他蛋糕相異的是使用奶油，其結構來自為蛋白泡沫的新鮮蛋白。

資料來源：https://zh.wikipedia.org/zh-tw/

A. 材料

1	蛋白	375g
2	砂糖	205g
3	塔塔粉	2g
4	鹽	2g
5	水	85g
6	沙拉油	140g
7	全蛋	150g
8	低筋麵粉	200g
9	玉米粉	27g

重量單位：公克

B. 表面裝飾材料

1	檸檬巧克力	200g
2	奇福餅乾碎	100g
3	防潮糖粉	50g
4	檸檬皮	1 個

重量單位：公克

1. 將材料 A 的 5、6、7 攪拌均勻，加入材料 8、9 攪拌均勻，成麵糊。
2. 將材料 A 的 1、2、3、4，打至 9 分發，分次加入作法 1 攪拌均勻，成綢緞狀。

製作步驟

1、將水、沙拉油、全蛋一起加入攪拌均勻。

2、加入低筋麵粉、玉米粉。

3、攪拌均勻成麵糊，備用。

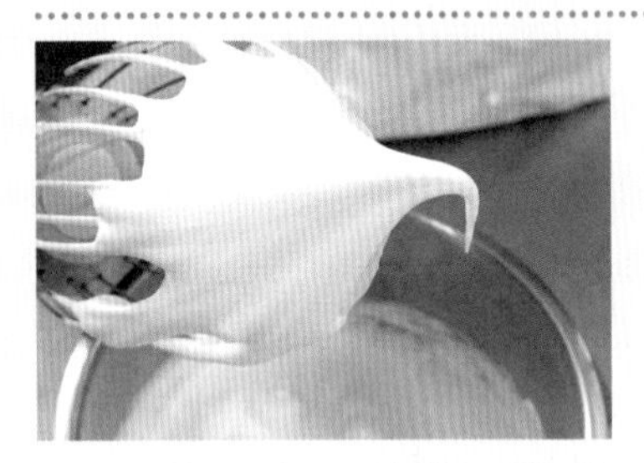

4、將蛋白、砂糖、塔塔粉、鹽一起加入打至濕性發泡。

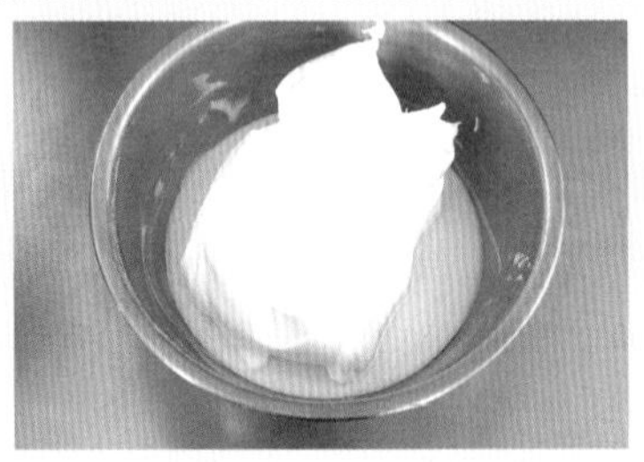

5、打發蛋白分次加入麵糊中，拌勻成綢緞狀紋路的麵糊。

6、將麵糊倒入模具。

7、輕震抹平，入烤箱，上火180℃／下火150℃，烤焙15分鐘，再改上火160℃／下火140℃，烤焙10分鐘，出爐後，重敲並倒扣在涼架。

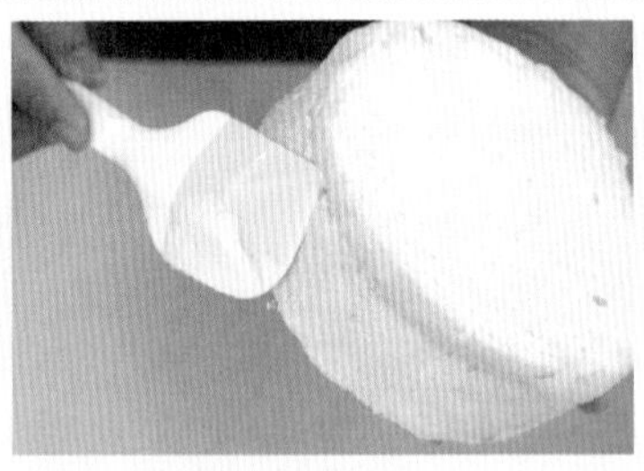

8、將蛋糕脫模，抹上融化的檸檬巧克力。

9、沾上餅乾碎。

10、灑上防潮糖粉。

11、再灑上檸檬皮即可。

12、完成品。

職人延伸 Q&A

1. 有關天使蛋糕的製作，蛋白的溫度應在幾度？

答

2. 塔塔粉在天使蛋糕中最主要的功能是什麼？

答

3. 鹽在製作天使蛋糕上的主要功能是什麼？

答

12. 水果寶盒

小故事分享

將水果應用在蛋糕製品上，應用透明之盒子顯現斷面SHOW的效果，在銷售上往往吸引消費者目光，值得作為禮品與放置於蛋糕櫃展示，可加強銷售效益。

前置作業

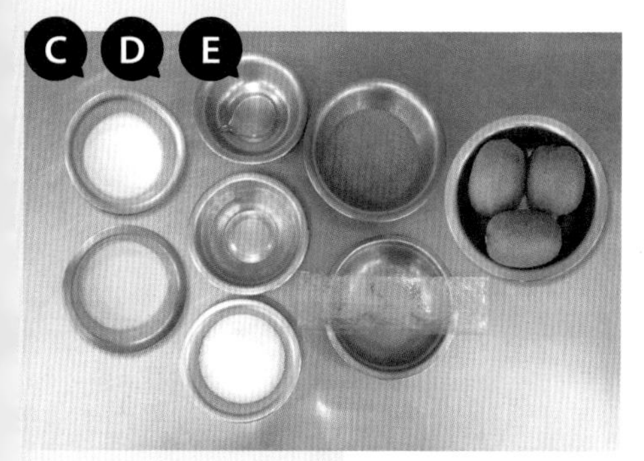

A. 材料

1	奶油	126g
2	牛奶	144g
3	砂糖 A	12g
4	低筋麵粉	120g
5	全蛋	120g
6	蛋黃	240g
7	蛋白	360g
8	細砂糖 B	300g
9	塔塔粉	1g
10	鹽	1g

重量單位：公克

B. 蛋奶醬材料

1	鮮奶	500g
2	砂糖	40g
3	玉米粉	30g
4	蛋黃	70g

重量單位：公克

C. 生乳餡材料

1	動物性鮮奶油	100g
2	植物性鮮奶油	200g

重量單位：公克

D. 芒果淋面材料

1	葡萄糖漿	20g
2	芒果果泥	150g
3	水	56g
4	砂糖	37g
5	吉利丁片	4 片

重量單位：公克

E. 裝飾材料

1	奇異果	3 顆

重量單位：公克

作法

蛋糕體作法

1. 將材料 A 的 1、2、3 混和加熱至 80℃，加入材料 4 攪拌均勻成麵糊狀，再加入材料 5、6，攪拌均勻成蛋黃麵糊備用。
2. 材料 A 的 7、8、9、10，打至 9 分發。
3. 將作法 1 加入作法 2 混和均勻，攪拌成綢緞狀紋路的麵糊。

蛋奶醬作法

1. 將砂糖、過篩玉米粉混和均匀，加入蛋黃拌匀成蛋黃糊備用。
2. 鮮奶煮沸沖入蛋黃糊，持續加熱攪拌至糊化濃稠狀即可，冰冷藏備用。

生乳餡作法

1. 先將植物性鮮奶打發至有明顯紋路即可。
2. 將動物性鮮奶油分 3 次加入。
3. 再打發至有明顯紋路即可，冰冷藏備用。

內餡作法

1. 將蛋奶醬從冷藏取出，蛋奶醬先攪拌均匀。
2. 生乳餡分次加入混和攪拌均匀，冷藏備用。

芒果淋面作法

1. 將芒果果泥、水、砂糖煮沸，降溫至 70℃。
2. 加入泡軟吉利丁片攪拌均匀，降溫備用。（吉利丁片事先泡冰水至軟化備用）

蛋糕體作法

1、將奶油、牛奶、砂糖加熱至80℃。

2、加入過篩低筋麵粉，攪拌均匀。

3、攪拌成麵糊狀。

4、加入全蛋、蛋黃，攪拌均匀成蛋黃麵糊備用。

5、蛋白加砂糖B、塔塔粉、鹽，打至濕性發泡。

6、打發蛋白分次加入蛋黃麵糊中，攪拌均匀成綢緞狀紋路的麵糊。

7、倒入烤盤抹平，入烤箱，以上火200℃／下火150℃，烤焙12分鐘，再改上火160℃／下火150℃，烤焙5分鐘，出爐後重敲，並將邊紙拉開，靜置冷卻。

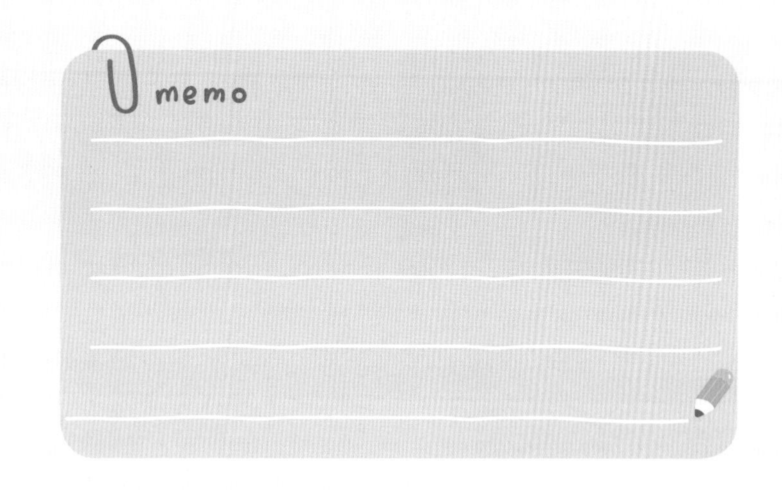

蛋糕組合

1、蛋糕冷卻完成，裁切成對應所準備容器尺寸。

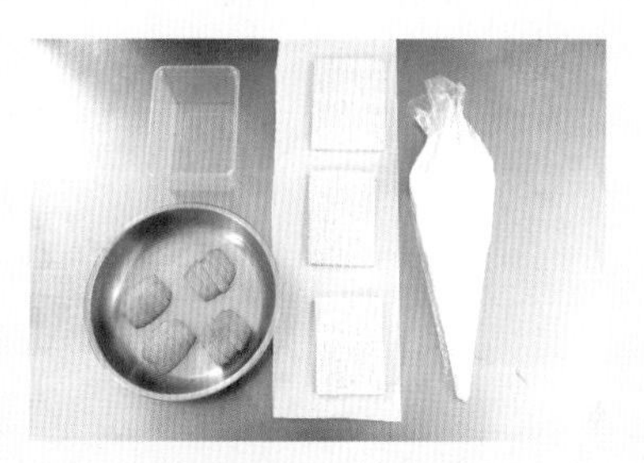

2、準備好切片蛋糕、水果、內餡。

3、於容器底部鋪一層蛋糕體。

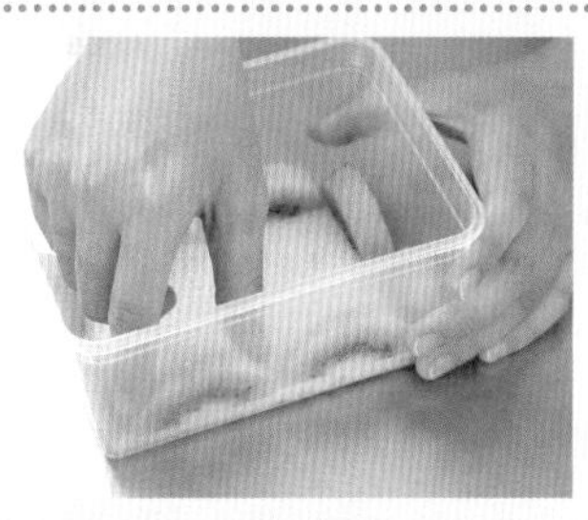

4、沿容器四邊擺放水果。

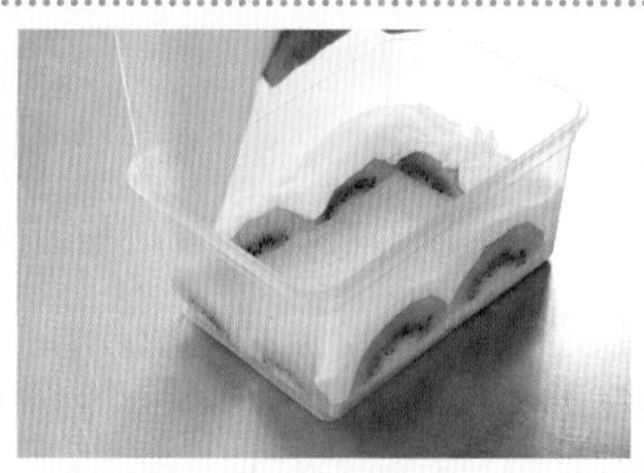

5、先由四邊擺放水果位置，擠入鮮奶油。

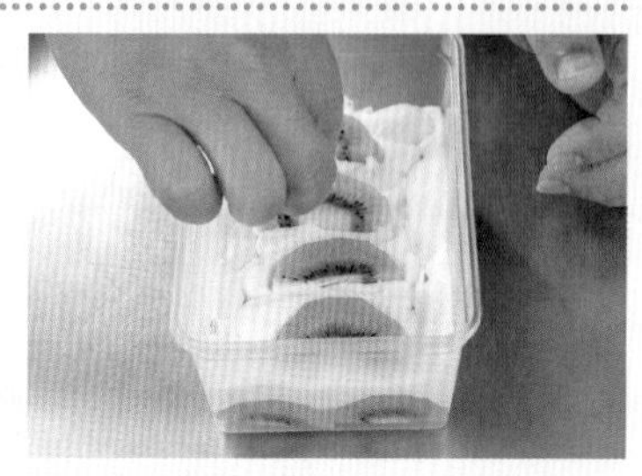

6、填餡避免水果移位，填好第一層內餡，再鋪上第一層水果。

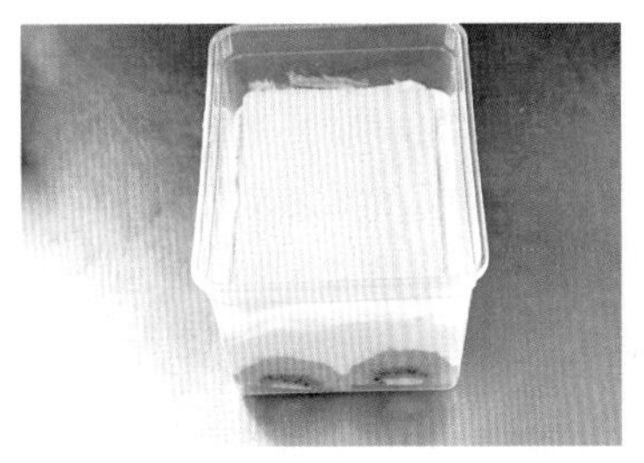

7、填好內餡鋪第二層蛋糕體，鋪第二層水果。

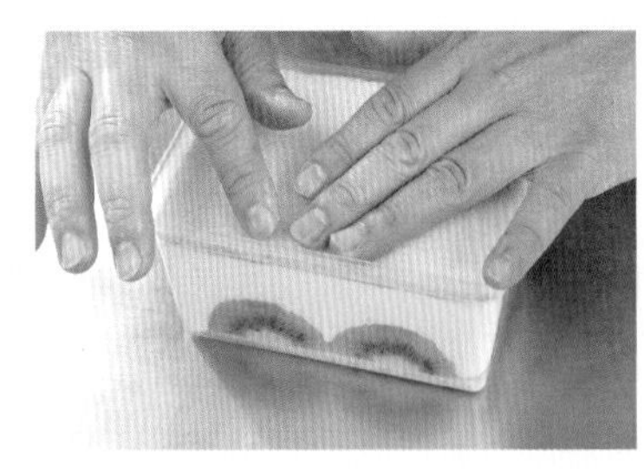

8、填內餡鋪上第三層蛋糕體（注意沿蛋糕體四邊如有縫隙，再用內餡把縫隙填滿，避免淋面流入底層）。

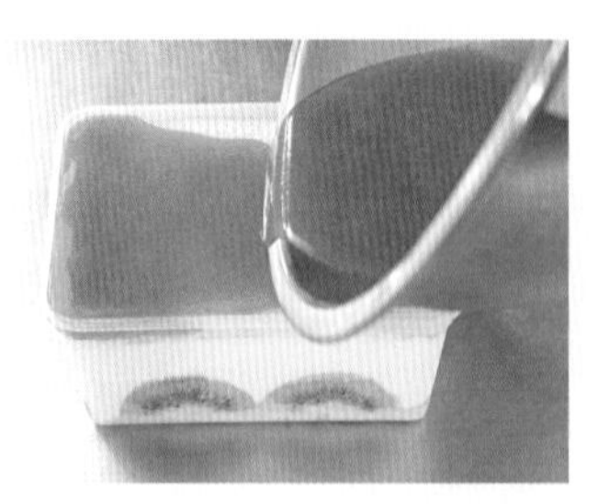

9、冰冷凍半小時取出，淋上芒果淋面，冰冷藏定型即可。

10、完成品。

1. 水果蛋糕若水果沉澱於蛋糕底部，是什麼因素？

 答

2. 裝飾在蛋糕表面的水果刷上亮光液的目的為何？

 答

3. 製作水果蛋糕時蜜餞水果泡酒的目的為何？

 答

13. 布朗尼蛋糕

小故事分享

布朗尼 (Brownie) 起源於美國，布朗尼 19 世紀末期在美國發展，並且在 20 世紀上半年在美國受歡迎，其口感鬆鬆軟軟的，加上巧克力的濃郁口感，讓它成為一項老少皆愛的甜點。

資料來源：https://zh.wikipedia.org/zh-tw/

前置作業

蛋糕體材料

1	蛋黃	300g
2	砂糖 A	180g
3	蛋白	470g
4	砂糖 B	150g
5	鹽	3g
6	塔塔粉	3g
7	低筋麵粉	150g
8	可可粉	150g
9	苦甜巧克力	370g
10	奶油	220g
11	動物性鮮奶油	230g
12	核桃	80g

重量單位：公克

作法

1. 將材料 9、10、11 混和加熱融化，再加入材料 7、8 攪均拌勻成巧克力麵糊。
2. 將材料 1、2 混和打發，分次加入作法 1，攪拌均勻。
3. 將材料 3、4、5 混和打至 6 分發，分次加入作法 2，攪拌均勻。

製作步驟

1、加入苦甜巧克力、奶油、動物性鮮奶油。

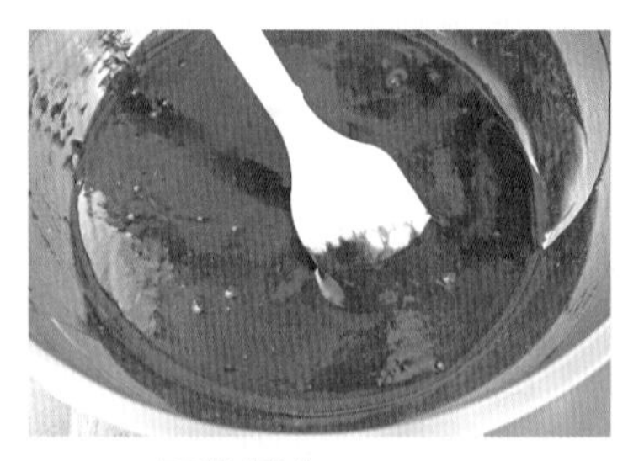

2、加熱熔化。

3、加入低筋麵粉、可可粉，攪拌均勻成巧克力麵糊。

4、蛋黃加砂糖A打發。

5、蛋白、砂糖B、鹽、塔塔粉一起加入打至濕性發泡。

6、將打發蛋黃分次加入巧克力麵糊，攪拌均勻。

7、再加入打發蛋白。

8、攪拌均勻。

9、將巧克力麵糊填入模具。

10、撒上核桃，以上火180℃／下火150℃，烤20分鐘，轉向上火150℃／下火140℃，再烤15分鐘。

11、完成品。

1. 請列舉有哪些產品屬於麵糊類小西餅？

 答

2. 海綿蛋糕在烘焙過程中收縮，原因為何？

 答

3. 欲使小西餅增加鬆酥程度，須如何調整？

 答

14. 巧克力鬆餅

小故事分享

司康(scone)，是英式奶油茶點中最具代表性的甜點，經常融合了葡萄乾或栗子，其特性是一種奶油味極濃、半生麵糊狀的甜點，特點是口感兼顧蓬鬆和緊實，介於麵包和蛋糕之間。

資料來源：https://zh.wikipedia.org/zh-tw/

前置作業

材料

1 動物性鮮奶油	150g
2 全蛋	75g
3 砂糖	72g
4 奶油	120g
5 低筋麵粉	405g
6 泡打粉	8g
7 葡萄乾	150g
8 水滴巧克力	50g

重量單位：公克

＊葡萄乾泡蘭姆酒一星期備用。

作法

1. 將材料 1、2、3 混和，攪拌至砂糖溶解。
2. 將材料 4 切成小塊，和材料 5、6 混和均勻。
3. 將作法 2 和作法 1 混和均勻成糰，再加入材料 7、8，攪拌均勻。

製作步驟

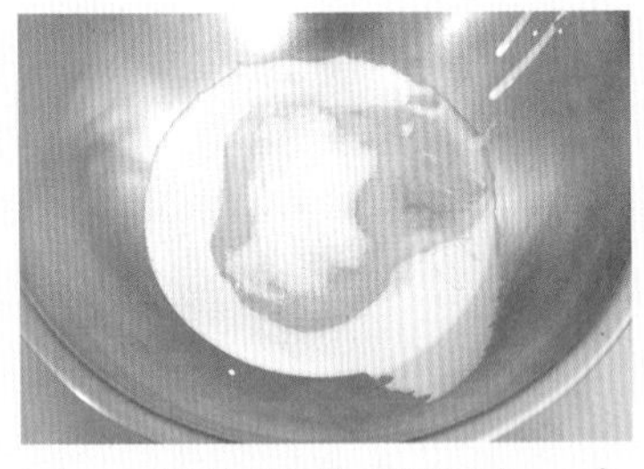

1、加入動物鮮奶油、全蛋、砂糖。

2、攪拌至砂糖溶解，備用。

3、將低筋麵粉、泡打粉過篩，再加入奶油。

4、以切拌方式混和均匀。

5、築成粉牆。

6、分次加入奶糖液。

7、混和均匀成糰即可，勿過度攪拌。

8、將麵糰壓平，均匀鋪上葡萄乾、水滴巧克力。（葡萄乾泡蘭姆酒一星期備用）

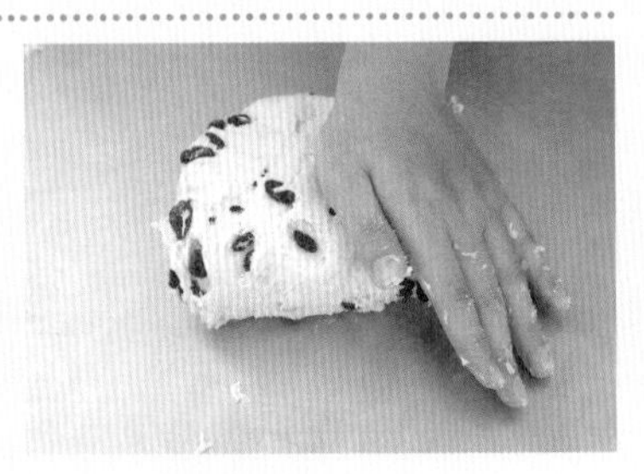

9、壓拌均匀。

10、分割50公克滾圓。

11、於麵糰表面刷上2次蛋黃液。

12、入烤箱，以上火210℃／下火130℃，先烤焙12分鐘，轉向上火180℃／下火130℃，再烤焙4分鐘。

13、完成品。

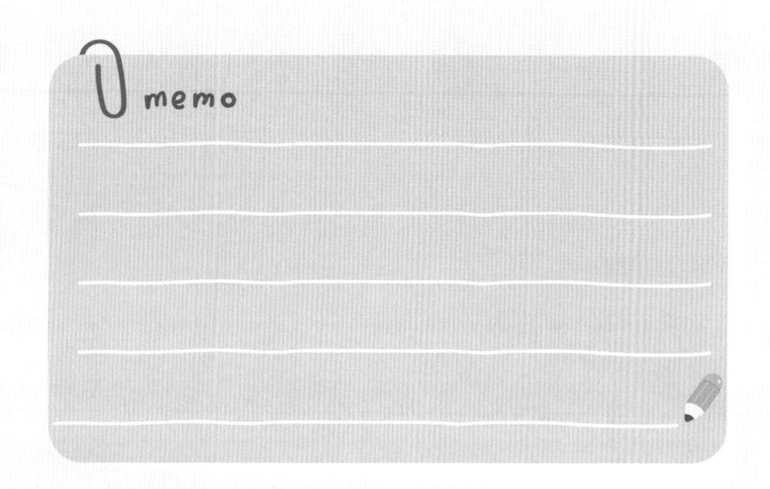

職人延伸 Q&A

1. 先將動物性鮮奶油、全蛋、砂糖混和溶解之目的為何？

答

2. 製作鬆餅要用何種方式混和麵粉？

答

蛋糕類

15. 燒烤乳酪蛋糕

小故事分享

30 多年前由法國戴高樂將軍口中說出的名言：「要來治理擁有 300 多種乳酪品項的國家，簡直是強人所難。」目前法國是世界生產乳酪種類最多的國家。

資料來源：法國乳酪完全指南

前置作業

材料

	材料	
1	奶油乳酪	540g
2	砂糖	100g
3	全蛋	240g
4	動物性鮮奶油	300g
5	低筋麵粉	50g
6	蘭姆酒	30g

重量單位：公克

作法

1. 將材料 1 隔熱水軟化，加入材料 2 攪拌均匀。
2. 材料 3 分次加入，攪拌均匀。
3. 材料 4 分次加入，攪拌均匀。
4. 加入材料 5、6，攪拌均匀。

製作步驟

1、將奶油乳酪隔熱水軟化，加入砂糖攪拌均勻。

2、全蛋分3次加入，攪拌均勻。

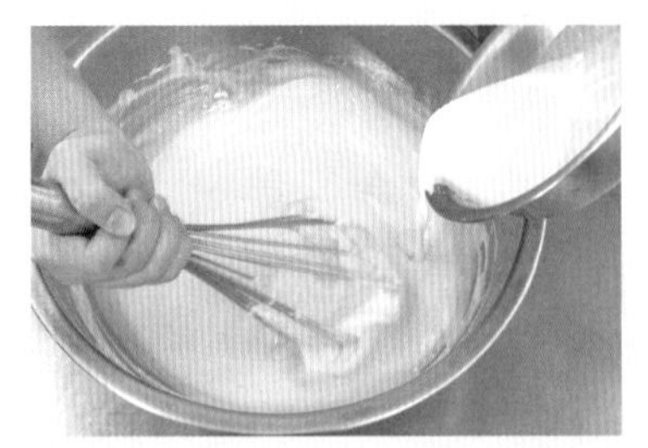

3、動物性鮮奶油分3次加入，攪拌均勻，加入低筋麵粉，攪拌均勻。

4、加入蘭姆酒，拌勻即可。

5、將麵糊過篩。

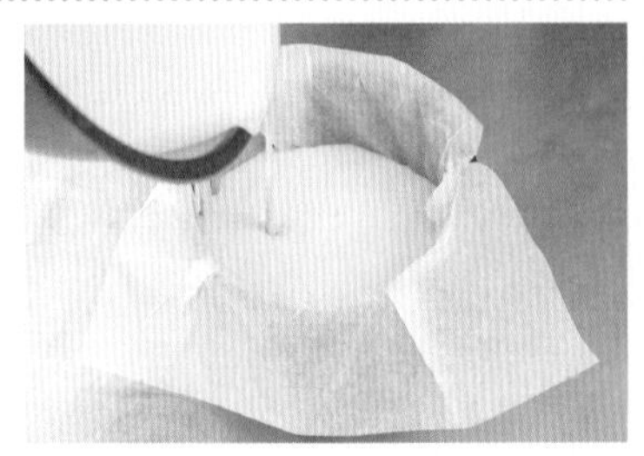

6、倒入模具（模具事先鋪好烘焙紙備用）。

7、入烤箱，以上火230℃／下火170℃，烤焙15分鐘，再改上火160℃／下火150℃，烤焙10分鐘，出爐後並脫模，靜置冷卻，邊紙拉開。

8、完成品。

1. 製作德國名點黑森林蛋糕內餡的水果為何？

 答

2. 製作舒弗蕾 (Souffle) 產品所使用的模型為何？

 答

16. 檸檬優格蛋糕

小故事分享

Yogurt 亦包含優酪乳（yogurt drink），是乳製品的一種，由動物乳汁經乳酸菌發酵而產生，經常作為蛋糕製品的原材料，以增加口感與風味。

前置作業

A. 材料

1	蛋白	400g
2	砂糖	196g
3	塔塔粉	3g
4	鹽	2g
5	海藻糖	100g
6	沙拉油	60g
7	動物鮮奶油	140g
8	無糖優格	80g
9	檸檬皮	1 個
10	低筋麵粉	250g
11	蛋黃	210g

重量單位：公克

B. 生乳餡材料

1	植物性鮮奶油	250g
2	動物性鮮奶油	250g

重量單位：公克

作法

蛋糕體作法

1. 將材料 A 的 5、6、7、8、9 加熱至 80 度，加入材料 10 拌成糊狀，材料 11 分 3 次加入拌勻。
2. 將材料 A 的 1、2、3、4 打至 9 分發，分次加入作法 1，拌勻成綢緞狀紋路的麵糊。

生乳餡作法

1. 先將植物性鮮奶打發至有明顯紋路即可。
2. 將動物性鮮奶油分 3 次加入。
3. 再打發至有明顯紋路即可，冰冷藏備用。

製作步驟

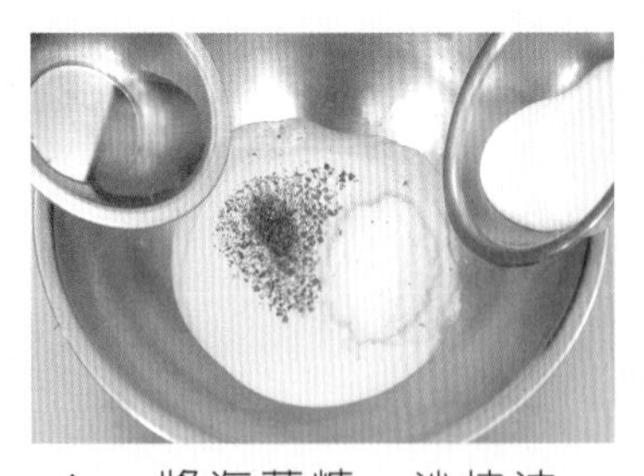

1、將海藻糖、沙拉油、動物鮮奶油、無糖優格、檸檬皮一起加入，加熱至80℃。

2、加入低筋麵粉拌成糊狀。

3、蛋黃分3次加入，攪拌均勻成蛋黃麵糊備用。

4、將蛋白、砂糖、塔塔粉、鹽一起加入，打至9分發。

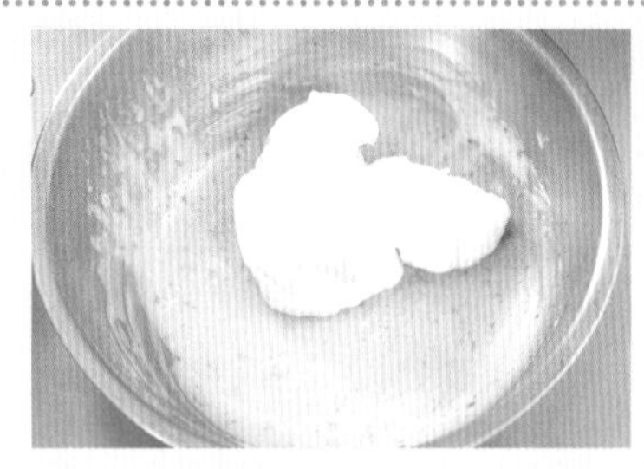

5、打發蛋白分次加入蛋黃麵糊中。

6、拌勻成綢緞狀紋路的麵糊。

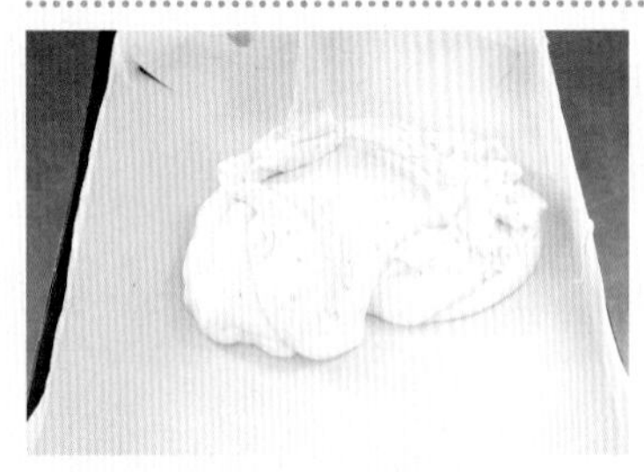

7、麵糊倒入烤盤中。

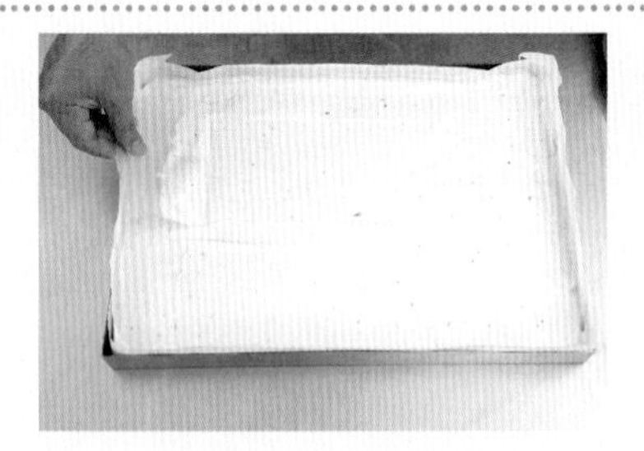

8、抹平，入烤箱，以上火200℃／下火150℃，烤焙12分鐘，再改上火160℃／下火150℃，烤焙5分鐘，出爐後重敲，並將邊紙拉開，靜置冷卻。

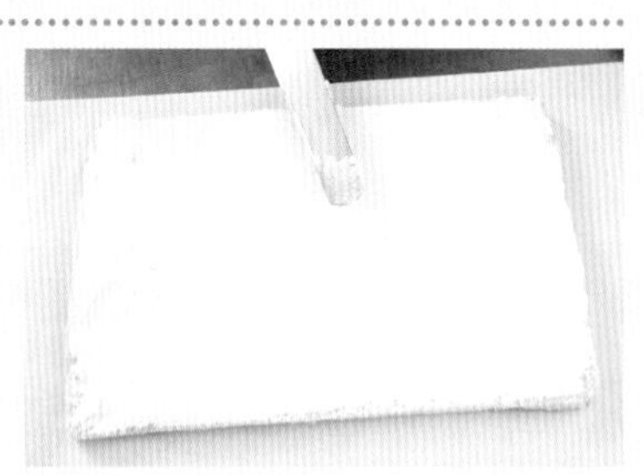

9、表皮朝上，均勻抹上鮮奶油霜。

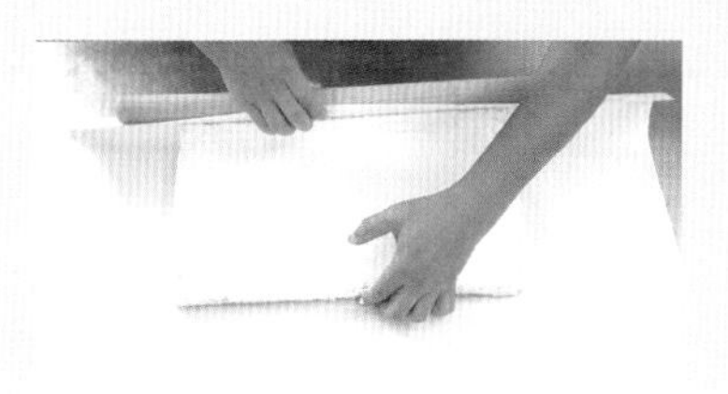

10、用擀麵棍輔助捲起。

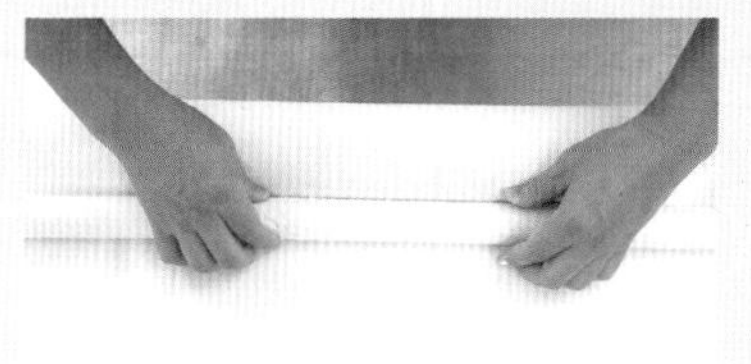

11、冷藏定型即可。

12、完成品。

職人延伸 Q&A

1. 製作泡芙時，有哪些必要的材料？

答

2. 製作海綿蛋糕時，有哪些必要的材料？

答

MEMO

MEMO

國家圖書館出版品預行編目資料

中西式點心：職人手作 Recipes/鄭錦慶,黃志雄,葉佳山
編著. -- 初版. -- 新北市：新文京開發出版股份有限
公司, 2023.08
面； 公分

ISBN 978-986-430-948-1（平裝）

1. CST：點心食譜

427.16 112012525

創業一把罩
中西式點心－職人手作 Recipes （書號：HT55）

編著者 鄭錦慶 黃志雄 葉佳山
出版者 新文京開發出版股份有限公司
地址 新北市中和區中山路二段 362 號 9 樓
電話 (02) 2244-8188（代表號）
FAX (02) 2244-8189
郵撥 1958730-2
初版 西元 2023 年 09 月 20 日

建議售價：480 元
法律顧問：蕭雄淋律師
ISBN 978-986-430-948-1

NEW
WCDP